工业和信息化"十三五"
人才培养规划教材

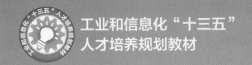

计算机
组装与系统配置

Computer Assembly and System Configuration

杨智勇 龚启军 ◎ 主编

李治鹏 李青野 ◎ 副主编

人民邮电出版社

北　京

图书在版编目（CIP）数据

计算机组装与系统配置 / 杨智勇，龚啓军主编. --
北京 ： 人民邮电出版社，2018.8
工业和信息化"十三五"人才培养规划教材
ISBN 978-7-115-48659-2

Ⅰ．①计… Ⅱ．①杨… ②龚… Ⅲ．①电子计算机—
组装—高等学校—教材②操作系统—高等学校—教材
Ⅳ．①TP30②TP316

中国版本图书馆CIP数据核字(2018)第125521号

内 容 提 要

全书分两篇，第 1 篇为"计算机硬件识别与组装"，第 2 篇为"系统安装与配置"。

本书采用"项目引领+任务驱动"的方式设计全书内容，在每一个学习情境中设计了一个源自真实工作过程的学习任务。学习任务在相关知识的支撑下，详细介绍了计算机部件识别、计算机组装、计算机操作系统的安装与应用、虚拟机平台的搭建与应用，以及 DNS 服务器、DHCP 服务器和 Web 服务器的配置方法和过程。

本书内容丰富、重点突出、简明易懂，采用任务驱动方式设计，图文并茂、循序渐进，并包含丰富的知识拓展和技能拓展内容，具有很强的实用性。

本书主要面向高职院校软件技术、计算机应用技术、数字媒体技术、计算机网络技术等相关专业的学生。读者学完本书后不但能自己独立配置和管理计算机，同时能为学习程序设计课程搭建服务和开发环境，为学好软件开发和媒体设计奠定基础。

◆ 主　编　杨智勇　龚啓军

　　副主编　李治鹏　李青野

　　责任编辑　祝智敏

　　责任印制　马振武

◆ 人民邮电出版社出版发行　　北京市丰台区成寿寺路 11 号

　　邮编　100164　电子邮件　315@ptpress.com.cn

　　网址　http://www.ptpress.com.cn

　　三河市君旺印务有限公司印刷

◆ 开本：787×1092　1/16

　　印张：13　　　　　　　　　2018 年 8 月第 1 版

　　字数：326 千字　　　　　　2018 年 8 月河北第 1 次印刷

定价：36.80 元

读者服务热线：(010)81055256　印装质量热线：(010)81055316
反盗版热线：(010)81055315
广告经营许可证：京东工商广登字 20170147 号

随着计算机技术的快速发展，计算机已经成为人们工作、学习和生活中不可或缺的工具。自己动手选购、组装计算机，并进行系统的应用配置与维护，做到计算机的选购、组装、应用和维护步步通，是"互联网+"时代对人才的基本要求，更是高职计算机类专业学生必须具备的基本技能。本书以培养计算机组装与系统配置技能为目标，详细介绍计算机部件识别与计算机组装、系统安装与配置的典型工作任务（主要包括操作系统安装与应用、虚拟平台搭建、DNS 服务器配置、Web 服务器配置等）。

本书以计算机组装与系统配置的实际过程为导向，采用"项目引领+任务驱动"的方式设计整个教学过程，依据计算机管理与系统维护岗位典型工作任务和岗位职业技能要求选择和重组教学内容。主要涵盖了 8 个项目、42 个任务，每个项目由项目描述、任务、任务拓展、任务实践四部分组成，每个任务由任务准备、任务过程、任务小结三部分构成。在项目描述部分，给出项目包含的任务及学习后应达到的目标；在任务部分，从任务准备→任务过程→任务小结，对任务的实施过程进行详细介绍；在任务拓展——相关知识部分，详细介绍了本项目需要用到的相关知识；在任务拓展——疑难解析部分，针对任务实施过程中可能遇到的困难、故障进行了详细分析，并介绍了具体解决办法；在任务实践部分，围绕项目需要掌握的重点知识和技能，精心设计了适量的习题，供读者巩固知识和检测学习效果。

通过本书的学习和训练，读者不仅能自我选购计算机部件进行组装，而且能处理计算机使用过程中的常见故障和掌握系统应用的配置方法，达到计算机系统管理与维护人员、网络管理人员、软件开发人员对计算机组装与系统配置的要求。

本书的参考学时为 48~64 学时，建议采用理论实践一体化教学模式，各项目的参考学时见下面的学时分配表。

学时分配表

项　　目	课程内容	学　　时
第 1 篇　计算机硬件识别与组装		
项目 1	计算机基础知识	2~4 学时
项目 2	计算机部件识别	18~20 学时
项目 3	DIY 计算机	8~10 学时
第 2 篇　系统安装与配置		
项目 1	Windows 10 操作系统安装与应用	4~6 学时
项目 2	虚拟机平台搭建与应用	2~4 学时
项目 3	DNS 服务器配置与管理	4~6 学时
项目 4	DHCP 服务器配置与管理	4~6 学时
项目 5	Web 服务器配置与管理	6~8 学时
课时总计		48~64 学时

　　本书由杨智勇、龚启军任主编，李治鹏、李青野任副主编，杨智勇编写了第 2 篇"系统安装与配置"中的项目 1、项目 2、项目 4、项目 5，龚启军编写了第 1 篇"计算机硬件识别与组装"中的项目 2、项目 3，李青野编写了第 1 篇"计算机硬件识别与组装"中的项目 1，李治鹏编写了第 2 篇"系统安装与配置"中的项目 3。

　　由于编者水平和经验有限，书中难免有欠妥和错误之处，恳请读者批评指正。

编　者

2018 年 4 月

目 录

CONTENTS

1 Part

第 1 篇
计算机硬件识别与组装

1 Chapter

项目 1
计算机基础知识

计算机（Computer）俗称电脑，是一种用于高速计算的电子计算机，可以进行数值计算和逻辑计算，还具有存储记忆功能，是能够按照程序运行，自动、高速处理海量数据的现代化智能电子设备。计算机由硬件系统和软件系统组成，没有安装任何软件的计算机称为裸机。计算机可分为超级计算机、工业控制计算机、网络计算机、个人计算机、嵌入式计算机等五类，较先进的计算机有生物计算机、光子计算机、量子计算机等。

从第一台计算机产生至今的半个多世纪里，计算机的应用得到了不断拓展，计算机类型不断分化，这就决定计算机的发展也朝不同的方向延伸。当今计算机技术正朝着巨型化、微型化、网络化和智能化的方向发展，在未来还会有一些新技术融入到计算机的发展中去。

任务 1 | 计算机简介

【任务准备】

- 586 和奔腾系列主机各一套；
- 当前主流计算机及服务器一套。

【任务过程】

1. 第一代计算机

第一代计算机是从 1946 年至 1958 年，如图 1.1.1 所示。它体积较大，运算速度较低，存储容量不大，而且价格昂贵，使用也不方便。为了解决一个问题，所编制程序的复杂程度难以表述。第一代计算机主要用于科学计算，只在重要部门或科学研究部门使用。

图1.1.1　第一代计算机

2. 第二代计算机

第二代计算机是从 1958 年到 1965 年，它全部采用晶体管作为电子器件，如图 1.1.2 所示。它的运算速度比第一代计算机的运算速度提高了近百倍，体积仅为原来的几十分之一，在软件方面开始使用计算机算法语言。第二代计算机不仅用于科学计算，还用于数据处理、事务处理及工业控制。

图1.1.2　第二代计算机

3. 第三代计算机

第三代计算机是从 1965 年到 1970 年，这一时期的主要特征是以中、小规模集成电路作为电子器件，并且出现了操作系统，使计算机的功能越来越强，应用范围越来越广。第三代计算机不仅用于科学计算，还用于文字处理、企业管理、自动控制等领域，还出现了计算机技术与通信技术相结合的信息管理系统，可用于生产管理、交通管理、情报检索等领域。

4. 第四代计算机

第四代计算机是指 1970 年以后采用大规模集成电路（LSI）和超大规模集成电路（VLSI）作为主要电子器件制成的计算机。例如，80386 微处理器，在面积约为 10mm×10mm 的单个芯片上，可以集成大约 32 万个晶体管。

第四代计算机的一个重要分支是以大规模、超大规模集成电路为基础发展起来的微处理器和微型计算机。

5. 当今计算机

当今计算机主要呈现巨型化、微型化、网络化、智能化等特点。

巨型化：指计算机具有极高的运算速度、大容量的存储空间、更加强大和完善的功能，主要用于航空航天、军事、气象、人工智能、生物工程等学科领域，如图 1.1.3 所示。

图1.1.3 巨型计算机

微型化：大规模及超大规模集成电路发展的必然。从第一块微处理器芯片问世以来，计算机芯片的集成度每 18 个月翻一番，而价格却便宜一半，这就是信息技术发展功能与价格之间的摩尔定律。计算机芯片集成度越来越高，所完成的功能越来越强，使计算机微型化的进程和普及率越来越快。

网络化：计算机技术和通信技术紧密结合的产物。尤其 20 世纪 90 年代以后，随着因特网的飞速发展，计算机网络已广泛应用于政府、学校、企业、科研、家庭等领域，越来越多的人接触并了解到计算机网络的概念。计算机网络将不同地理位置上具有独立功能的不同计算机通过通信设备和传输介质互连起来，在通信软件的支持下，实现网络中的计算机之间共享资源、交换信息、协同工作。

智能化：计算机能够模拟人类的智力活动，如学习、感知、理解、判断、推理等。计算机具备理解自然语言、声音、文字和图像的能力，具有说话的能力，使人机能够用自然语言直接对话。计算机可以利用已有的和不断学习到的知识，进行思维、联想、推理，并得出结论，能解决复杂问题，具有汇集记忆、检索有关知识的能力。

从电子计算机的产生及发展可以看到，目前计算机技术的发展都以电子技术的发展为基础，集成电路芯片是计算机的核心部件。随着高新技术的研究和发展，可以预见到计算机技术也将拓展到其他新兴的技术领域，计算机新技术的开发和利用必将成为未来计算机发展的新趋势。

从目前计算机的研究情况可以看到，未来计算机将有可能在光子计算机、生物计算机、量子计算机等方面取得重大的突破。

【任务小结】

本任务主要学习了计算机的发展历程，以及每一代计算机的特征和性能，为后续正确使用、组装和配置计算机奠定了基础。

任务2　计算机的组成

计算机是一种现代的智能电子设备，它由硬件系统和软件系统组成。个人计算机具有体积小、使用灵活、价格便宜等特点，是我们认识和学习计算机的基础。

计算机硬件系统由多个部件组成，各硬件部件之间协同工作。那么，计算机硬件系统到底由哪些部件组成呢？

【任务准备】

主机、显示器、打印机、音响、鼠标、键盘、电源线、VGA 视频线。

【任务过程】

1. 计算机系统组成

个人计算机的体积虽然不大，却具备许多复杂的功能和很高的性能，从逻辑上看，和大型计算机硬件系统并没什么不同。个人计算机系统通常由硬件系统和软件系统组成，如图 1.1.4 所示。

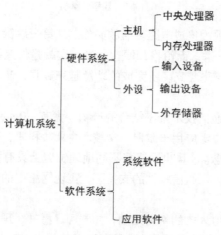

图1.1.4　计算机系统组成结构图

硬件系统是看得见、摸得着的实际物理设备，是实现计算机功能的物理基础。软件是指为了运行、管理和维护计算机而编制的各种程序的总和，分为系统软件和应用软件。如果说硬件系统是计算机的躯体，那么软件系统则是计算机的灵魂。只有硬件而没有软件的计算机是无法工作的。

2. 计算机硬件系统组成

对于计算机维修维护人员，最重要的是了解计算机的实际物理结构，即计算机的各个部件。其实计算机的结构并不复杂，它是根据开放系统结构设计的，各个部件都要遵循一定的标准，各个部件可以根据需要自由选择、灵活配置。

一套完整的计算机主要由主机、显示器、鼠标、键盘等组成，如图 1.1.5 所示，有时可能还会有打印机、音响等其他外围设备。

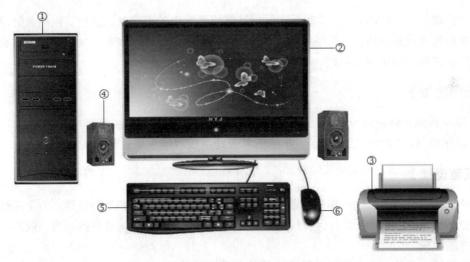

图1.1.5　计算机硬件构成

（1）主机：主机是计算机的核心，决定了计算机的性能与功能，其内部包括了多个部件，担负着运行程序、存储资料、指挥与控制其他部件的功能。主机的显著特征就是一个基本密封的铁盒子，主机外的设备称为外围设备。

（2）显示器：显示器属于电脑的 I/O 设备（即输入/输出设备），它是一种将一定的电子文件通过特定的传输设备显示到屏幕上，再反射到人眼的显示工具，是计算机的主要输出设备。显示器主要分两大类：CRT 显示器与液晶显示器。

（3）打印机：打印机是一种常用的输出设备，其功能是将计算机内的信息通过该设备打印在纸质或其他介质上。

（4）音箱：音箱属于多媒体计算机的输出设备，用于输出声音，使计算机可以完成看电影、打游戏等娱乐功能。当然，有时候也可用耳机取代音箱。

（5）键盘：键盘完成信息的输入，是计算机的主要输入设备，显著特征是其上包括完整的英文和数字。键盘与显示器构成了计算机的最基本的输入、输出系统。

（6）鼠标：鼠标是伴随着图形操作界面流行起来的计算机必备的输入设备，通过操作鼠标的左键或右键输入用户操作命令。个别鼠标甚至具有多个按键，为计算机的使用者提供了很大的方便。

3. 计算机软件系统

软件系统（Software Systems）是指由系统软件和应用软件组成的计算机软件系统，是计算机系统中由软件组成的部分。它包括操作系统、语言处理系统、数据库系统、分布式软件系统和人机交互系统等。

【任务小结】

本任务主要学习了一套完整的计算机由哪些部件组成，以及每个部件的外部特征和作用。

任务 3　计算机软件分类

计算机软件（Software，也称软件）是指计算机系统中的程序及其文档。程序是计算任务的处理对象和处理规则的描述，文档是便于了解程序所提供的阐明性资料。程序必须装入机器内部才能工作，文档一般是给人看的，不一定装入机器。

【任务准备】

- 操作系统软件：Windows 10 操作系统软件、数据库管理系统等；
- 应用软件：Microsoft Office、学生信息管理系统、学生考勤管理系统等。

【任务过程】

软件是用户与硬件之间的接口界面，用户主要通过软件与计算机进行交流。为了使计算机系统具有较高的总体效用，在设计计算机系统时，必须全面考虑软件与硬件的结合，以及用户的要求和软件的要求。

计算机软件总体上分为系统软件和应用软件两大类。

1. 系统软件

系统软件主要是指各类操作系统，如 Windows、Linux、UNIX 等，还包括操作系统的补丁程序及硬件驱动程序，都属于系统软件。系统软件在为应用软件提供上述基本功能的同时，也进行着对硬件的管理，使得一台计算机上同时或先后运行的不同应用软件有条不紊地共用硬件设备。例如，两个应用软件都要向硬盘存入和修改数据，如果没有一个协调管理机构来为它们划定区域的话，必然形成互相破坏对方数据的局面。

2. 应用软件

应用软件是为了某种特定的用途而被开发的软件，如教学软件、办公软件、工具软件、游戏软件、管理软件等都属于应用软件。它可以是一个特定的程序，如一个图像浏览器，也可以是一组功能联系紧密、互相协同工作的程序的集合，如微软的 Office 软件。

【任务小结】

本任务主要学习了计算机软件的分类及应用软件在工作、学习等领域中的应用。

任务拓展——相关知识

1. 内存储器

内存储器是计算机中的重要部件之一，它是与 CPU 进行沟通的桥梁。计算机中所有程序的运行都是在内存储器中进行的，因此内存储器的性能对计算机的影响非常大。内存储器（Memory）也称为内存，其作用是暂时存放 CPU 中的运算数据，以及与硬盘等外部存储器交换的数据。只要计算机在运行，CPU 就会把需要运算的数据调到内存中进行运算，当运算完成后，CPU 再将结果传送出来，内存的运行也决定了计算机的稳定运行。内存由内存芯片、电路板、金手指等部分组成。

内存一般采用半导体存储单元，包括随机存储器（Random Access Memory，RAM）、只读存储器（Read Only Memory，ROM）和高速缓存（Cache）。

（1）随机存储器

随机存储器是一种可以随机读/写数据的存储器，也称为读/写存储器。RAM 有两个特点：一是可以读出和写入，读出时并不损坏原来存储的内容，只有写入时才修改原来存储的内容；二是 RAM 只能用于暂时存放信息，一旦断电，存储内容立即消失，即具有易失性。RAM 通常由 MOS 型半导体存储器组成，根据其保存数据的机制又可分为动态随机存储器（Dynamic RAM，DRAM）和静态随机存储器（Static RAM，SRAM）两大类。DRAM 的特点是集成度高，主要用于大容量内存储器；SRAM 的特点是存取速度快，主要用于高速缓冲存储器。

（2）只读存储器

只读存储器只能读出原有的内容，不能由用户再写入新内容。原来存储的内容是采用掩膜技术由厂家一次性写入的，并永久保存下来。ROM 一般用来存放专用的、固定的程序和数据。ROM 是一种非易失性存储器，一旦写入信息后，无须外加电源来保存信息，也不会因断电而丢失。

2. Windows 操作系统

操作系统（Operating System，简称 OS）是管理和控制计算机硬件与软件资源的计算机程序，是直接运行在"裸机"上的最基本的系统软件，任何其他软件都必须在操作系统的支持下才能运行。

操作系统是用户和计算机的接口，同时也是计算机硬件和其他软件的接口。操作系统的功能包括管理计算机系统的硬件、软件及数据资源，控制程序运行，改善人机界面，为其他应用软件提供支持，让计算机系统的所有资源最大限度地发挥作用，提供各种形式的用户界面，使用户有一个良好的工作环境，为其他软件的开发提供必要的服务和相应的接口等。实际上，用户是不用直接接触操作系统的，操作系统管理着计算机的硬件资源，同时按照应用程序的资源请求来分配资源，如：划分 CPU 时间，开辟内存空间，调用打印机等。

任务拓展——疑难解析

1. 开机无显示

故障现象：计算机开机后，能接通电源，但不进行自检，甚至没有任何文字或声音的提示。

故障分析：这是因为计算机没有检测到启动必要的关键设备造成的，比如 CPU、内存、显卡等，除了硬件本身损坏外，最大的元凶就是硬件与主板接触不良。

解决办法：在不能确定到底是哪个硬件与主板接触不良的情况下，就需要一个一个试，将各个硬件都重新插拔一次，确定硬件安装到位，还要重点检查硬件的插脚与主板的插槽是否出现氧化现象。如果是硬件接口氧化导致，可以用橡皮擦清洁一下。

2. 连接线路不正常

故障现象：硬件与主板的连接线是经常被人遗忘的角落，与硬件相比它们更容易导致莫名其妙的故障。比如，连接线插头在多次插拔后更容易出现针脚弯折，内部的金属线也极脆弱，时间久了就容易出现断线、虚接等现象，而且连接线故障通常不会以硬件无法使用这种极端形式表现出来，更多地表现为文件容易丢失、无法读盘、系统性能下降或死机等现象，而且时好时坏，所以常被人忽视。

解决办法：连接线的故障不容易判断，最好的办法就是多备几根连接线，用替换的方法检查数据线、主机电源线等。

任务实践

1. 观察计算机各部件及部件之间的关系，将部件从主机拆下，并整齐陈列于工作台上。
2. 拆开一台主机，观察主机内部的部件，说出主机有哪些部件，并说明其功能。
3. 将计算机主机部件在机箱中的位置以示意图的方式画出来。
4. 主板连接的内部设备有哪些？主板连接的外部设备有哪些？

2 Chapter

项目 2
计算机部件识别

任务 1　显示器

显示器（Display）通常也被称为监视器，它是一种将一定的电子文件通过特定的传输设备显示到屏幕上，再反射到人眼的显示工具。

【任务准备】

- 阴极射线管显示器一台；
- 液晶显示器一台。

【任务过程】

1. 认识显示器

根据制造材料的不同，显示器可分为阴极射线管（CRT）显示器、液晶（LCD）显示器等。

（1）阴极射线管显示器

阴极射线管显示器是一种使用阴极射线管（Cathode Ray Tube）的显示器。纯平阴极射线管显示器具有可视角度大、无坏点、色彩还原度高、色度均匀、多分辨率模式可调节、响应时间极短等液晶显示器难以超越的优点。阴极射线管显示器按照显像管的不同又分为球面、平面、直角、物理纯平和视觉纯平显示器几种，如图 1.2.1 所示。由于阴极射线管显示器具有体积大、不便于搬动等缺点，导致现在使用阴极射线管显示器的用户很少了。

（2）液晶显示器

液晶显示器具有机身薄、占地小、辐射小等优点。液晶显示器的发热量非常低，耗能比同尺寸的阴极射线管显示器低了 60%~70%，当前已经替代阴极射线管显示器成为主流，非常适合办公和家用，如图 1.2.2 所示。

图1.2.1　阴极射线管显示器　　　　　　图1.2.2　液晶显示器

2. 显示器的色彩与亮度

（1）色彩

显示器的色彩就是表示液晶显示屏亮度强弱的指数标准，也就是通常所说的色彩指数，如图 1.2.3 所示。

（2）亮度

亮度是衡量显示器发光强度的重要指标。高亮度意味着显示器对于其工作地点周围环境的抗干扰能力更强。主要针对液晶显示器的 TCO'03 认证标准对亮度做出了相当高的要求，厂商也不约而同地以高亮度作为各自产品的卖点之一。液晶显示器中亮度的单位是 cd/m^2（坎德拉 [candela]/平方米），我们平常所看到的液晶显示器标称的亮度表示它在显示全白画面时所能达到的最大亮度。

　　液晶材质本身并不会发光，因此所有的液晶显示器都需要 CCFL 背光灯管来照明，背光的亮度也就决定了显示器的亮度。一般来说，生产商主要通过增加灯管数量和优化显示屏的内部设计来提高液晶显示器的亮度。最大亮度通常由冷阴极射线管（背光源）来决定，薄膜晶体管液晶显示器（TFT–LCD）的亮度值一般都在 200～350cd/m^2范围，如图 1.2.4 所示。

图1.2.3　显示器色彩效果图

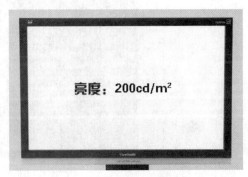

图1.2.4　液晶显示器亮度

　　一般液晶显示器默认出厂的亮度参数都设置为 100% 亮度显示，所以大多数液晶显示器的最大亮度都能达到 200cd/m^2以上，如图 1.2.5 所示。现在的用户并不用担心一款崭新的液晶显示器不够亮，恰恰相反，很多用户都反映液晶显示器亮得刺眼。用户可以通过调节显示器的显示模式和亮度、对比度设置来控制全白最大亮度。

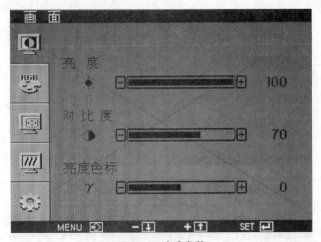

图1.2.5　亮度参数

　　事实上，亮度并非越高越好，不同的环境亮度和不同的显示题材需要不同的亮度水平。上网、办公等任务，由于显示画面白色部分较多，亮度通常在 80～120cd/m^2比较合适。图片处理时为了突出图像细节，亮度在 150～180cd/m^2比较合适。视频、电影类节目因存在大量暗场景，需要较高亮度，应开启最大亮度，通常以表现视频节目作为卖点的显示器会具有较高的亮度，比如

400cd/m²。改变液晶显示器的全白亮度有以下两种方法。

第一种是调节 CCFL 背光灯管的电流大小来改变背光亮度，如图 1.2.6 所示。从而得到不同的最大亮度，此时全黑亮度也同步变化，这是最合理的亮度调节方式，目前绝大多数显示器使用这种方式调节亮度。

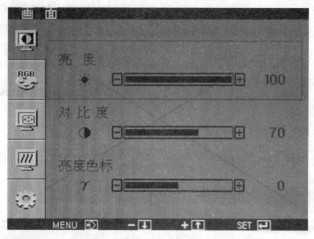

图1.2.6　液晶显示器亮度调节

第二种是调节液晶分子偏转幅度。举例说明，当一台显示器的对比度设置为 100 时，液晶分子 100%偏转完全透光时亮度为 400cd/m²，那么当对比度设置为 50 时，液晶分子的偏转最大幅度也仅为 50%，此时全白亮度为 200cd/m²。但不管怎么调节对比度设置，全黑亮度不变，因此调节对比度可以得到不同的最大亮度，同时对比度也随之变化，这就是液晶显示器的对比度调节方式，如图 1.2.7 所示。

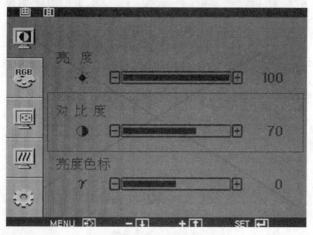

图1.2.7　调节对比度

3．认识显示器规格

显示器的规格就是指显示器的尺寸，目前市场上主流的 22~24 英寸显示器大多采用 1080 分辨率，而 27、28、32、34 英寸的显示器产品大多采用 2560 或者 4K 分辨率。选购显示器时，不但要关注尺寸，同时还应关注显示器的分辨率。因为在相同的屏幕尺寸下，分辨率越高显示的画质越精细，但是分辨率太高也会造成点距变小、图像变锐利。这也是为什么 27、28 英寸的 4K 显示器看起来眼睛会非常不舒服，因此建议 27、28 英寸的显示器最好选择 2560 分辨率。而 32 英寸以上的显示器产品，用 4K 分辨率可以获得更好的视觉效果。为了让大家进一步了解 21：9 的屏幕实际有多大，我们对 16：9 的 27 英寸、23 英寸以及 16：10 的 24 英寸、19 英寸的显示器的长、宽进行对比，结果如表 1-2-1 所示。

表 1-2-1 各种规格液晶显示器屏幕对比表

屏幕规格		长度×宽度（单位：cm）
16：10	19 英寸	41×25.5
	24 英寸	52×32.7
16：9	21.5 英寸	48×27.2
	23 英寸	50.5×28.6
	27 英寸	59.5×33
21：9	29 英寸	68×28.5

从对比结果中，我们可以看到 21：9 屏幕的长度数值是所有机型中最大的，大约为 19 英寸液晶显示器的 1.5 倍，而其宽度与 23 英寸液晶显示器基本相同（两者垂直分辨率也完全一样，都为 1080 像素）。如果使用过 5：4 的 19 英寸普通显示器，可以看到两者的高度也是近似相等的。通过图 1.2.8，我们可以看得更加详细。

图例：

1—19宽屏（16：10）　　　2—23宽屏（16：9）

3—24宽屏（16：10）　　　4—24宽屏（16：9）

5—24宽屏（21：9）

图1.2.8 显示尺寸比例

注意：图 1.2.8 仅仅表示屏幕面积，并不表示它们可以显示的图片区域。

4. 认识主流液晶显示器

目前，主流的液晶显示器生产厂家有三星、LG、AOC（冠捷）、优派、长城、明基、飞利浦等。

下面介绍几款主流的 19、23、24 英寸的液晶显示器。

① 三星 S24C750P 液晶显示器如图 1.2.9 所示，具备 1080P 全高清 D-Sub（VGA）、HDMI、时尚环保等特色。三星 S24C750P 液晶显示器的基本参数如表 1-2-2 所示。

图1.2.9 三星S24C750P液晶显示器实物图

表 1-2-2　三星 S24C750P 液晶显示器基本参数

类　　型	液晶显示器	屏幕尺寸	24 英寸
液晶面板	NVA	背光类型	LED 背光
屏幕类型	宽屏	屏幕比例	16：9
最佳分辨率	1920×1080	最大色彩	16.7M
点距	0.276mm	平均亮度（cd/m²）	300cd/m²
灰阶响应时间	5ms	可视角度（水平/垂直）	178/178°

② LG D2342P-PN 液晶显示器如图 1.2.10 所示，定位为娱乐影音的 3D 液晶显示器。这款 3D 显示器将不闪式 3D 技术、3D 转换软件以及偏光 3D 眼镜融为一体，带来了更健康、更极致、更震撼的显示视界。LG D2342P-PN 液晶显示器的基本参数如表 1-2-3 所示。

图1.2.10　LG D2342P-PN液晶显示器实物图

表 1-2-3　LG D2342P-PN 液晶显示器的基本参数

类　　型	液晶显示器	屏幕尺寸	23 英寸
液晶面板	TN	背光类型	LED 背光
屏幕类型	宽屏	屏幕比例	16：9
最佳分辨率	1920×1080	最大色彩	16.7M
点距	0.265mm	平均亮度（cd/m²）	250cd/m²
动态对比度	5000000：1	静态对比度	1000：1
黑白响应时间	5ms	可视角度（水平/垂直）	170/160°

③ 明基 EW2440L（金色版）液晶显示器如图 1.2.11 所示，最佳分辨率为 1920 像素×1080 像素，对比度为 3000∶1。明基 EW2440L 液晶显示器的基本参数如表 1-2-4 所示。

图1.2.11　明基EW2440L液晶显示器实物图

表 1-2-4　明基 EW2440L 液晶显示器的基本参数

类　型	液晶显示器	屏幕尺寸	24 英寸
液晶面板	TN	背光类型	LED 背光
屏幕比例	16∶9	最佳分辨率	1920×1080
点距	0.276mm	平均亮度（cd/m²）	300cd/m²
动态对比度	20000000∶1	静态对比度	3000∶1
灰阶响应时间	4ms	黑白响应时间	12ms
可视角度（水平/垂直）	178/178°		

④ 优派 VA2465s 液晶显示器如图 1.2.12 所示，具有 4ms 的快速响应时间，令画面不再有拖影，更加清晰流畅；10000000∶1 的高动态对比，让画面表现更加清晰亮丽，无论处理文书，还是上网浏览或是观赏影片，都游刃有余。优派 VA2465s 液晶显示器的基本参数如表 1-2-5 所示。

图1.2.12　优派VA2465s液晶显示器实物图

表 1-2-5　优派 VA2465s 液晶显示器的基本参数

类　型	液晶显示器	屏幕尺寸	23.6 英寸
液晶面板	NVA	背光类型	LED 背光
屏幕比例	16∶9	最佳分辨率	1920×1080
点距	0.2715mm	平均亮度（cd/m²）	300cd/m²
动态对比度	10000000∶1	静态对比度	3000∶1
灰阶响应时间	4ms	可视角度（水平/垂直）	178/178(°)

⑤ 华硕 VC279N-W 液晶显示器如图 1.2.13 所示，屏幕尺寸为 27 英寸，屏幕分辨率为 1920 像素×1080 像素。华硕 VC279N-W 液晶显示器的基本参数如表 1-2-6 所示。

图1.2.13　华硕VC279N-W液晶显示器实物图

表 1-2-6　华硕 VC279N-W 液晶显示器的基本参数

类　　型	液晶显示器	屏幕尺寸	27 英寸
液晶面板	AH-IPS	背光类型	LED 背光
屏幕类型	宽屏	屏幕比例	16：9
最佳分辨率	1920×1080	最大色彩	16.7M
点距	0.311mm	平均亮度（cd/m²）	250cd/m²
动态对比度	8000 万：1	静态对比度	1000：1
灰阶响应时间	5ms	可视角度（水平/垂直）	178/178°

5. 解读 TN/IPS/VA 显示器面板类型

很多用户在选择液晶显示器时，往往最关心的还是液晶显示器的外观、参数配置、价格等因素，特别是参数配置。直到现在仍然有人认为动态对比度越高，代表其显示器性能越好。事实上，按这样的方法来选择显示器是一种误区。对于消费级液晶显示器而言，其性能的主要决定因素是其使用的液晶面板。液晶面板的种类、优劣等多种因素都影响着液晶显示器自身的性能、价格和定位。显示器面板类型如图 1.2.14 所示。

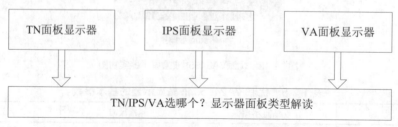

图1.2.14　液晶显示器面板类型

液晶面板关系着用户最看重的响应时间、色彩、可视角度、对比度等参数，液晶面板占据了一台液晶显示器成本的 70% 左右，如图 1.2.15 所示。因此，对于消费者而言，选购液晶显示器时，首先应该关注的就是液晶显示器所使用的面板。

图1.2.15 液晶面板实物图

　　根据用户的不同定位和需求，液晶面板分为很多种。目前市场上比较常见的有 TN 面板、VA 面板、IPS 面板。下面就从应用的角度出发，带大家一起来认识目前市场上主流的液晶面板，让大家可以更直观地了解自己到底需要购买哪种显示器。

（1）TN 面板优缺点解读

　　TN 面板全称为 Twisted Nematic（扭曲向列型）面板，由于其价格低廉，主要用于入门级和中端的液晶显示器，也是目前市场上最常见的面板类型。目前我们看到的 TN 面板多是改良型的 TN+film（film 即补偿膜），用于弥补 TN 面板可视角度的不足，目前改良的 TN 面板的可视角度能达到 160°。图 1.2.16 左侧为广视角面板、右侧为 TN 面板（45°视角）。图 1.2.17 左侧为广视角面板、右侧为 TN 面板（下偏角 20°）。

图1.2.16 左侧为广视角面板、右侧为TN面板（45°视角）

图1.2.17 左侧为广视角面板、右侧为TN面板（下偏角20°）

　　TN 面板的特点：液晶分子偏转速度快，因此在响应时间上容易提高。不过它在色彩的表现上不如 IPS 型和 VA 型面板。TN 面板属于软屏，用手轻轻划会出现类似水纹的变形效果。

TN 面板的优点：由于输出灰阶级数较少，液晶分子偏转速度快，响应时间容易提高，目前市场上 6ms 以下液晶产品基本采用的是 TN 面板。随着 TN 面板的不断改良，最新的 TN 面板显示器不再为了高速响应而牺牲画质，画面质量已经与简化版的广视角面板显示器相接近了。另外，价格方面相比广视角面板也是绝对的优势。

TN 面板的缺点：作为原生 6bit 的面板，TN 面板只能显示红/绿/蓝各 64 色，最大实际色彩仅有 262 144 种，而通过抖动算法处理之后，可以让其达到 16.7M 色（8bit 色彩）。但是毕竟通过 IC 电路计算出来的色彩在准确性和自然性方面都无法和原生色彩相比，而广视角面板都具备原生 8bit 的色彩，因此过渡性更好。加上 TN 面板提高对比度的难度较大，直接暴露出来的问题就是色彩单薄，还原能力差，过渡不自然。

TN 面板显示器由于价格低廉、功耗较低，是目前市场上的绝对主流，90%以上的机型都采用 TN 面板。再加上与目前最热的 LED 背光、3D 功能的搭配，在未来很长一段时间内 TN 面板显示器依然会是市场上的绝对主流。

（2）IPS 面板优缺点解读

IPS（In-Plane Switching，平面转换）技术是日立公司于 2001 推出的液晶面板技术。但 LGD（LG Display）公司生产的 IPS 面板知名度更大，目前硬屏电视、手机、iPad 等采用的面板普遍都出自 LGD 公司的 IPS 面板，同样也有很多液晶显示器采用 IPS 面板。

IPS 面板的特点：最大的特点就是它的两极都在同一个面上，而不像其他液晶模式的电极是在上下两面、立体排列。由于电极在同一平面上，不管在何种状态下液晶分子始终都与屏幕平行，会使开口率降低，透光率减少，所以 IPS 应用在液晶电视上会需要更多的背光灯。IPS 面板与同为高端液晶面板的 VA 面板相比，最大的不同之处在于 IPS 面板的屏幕非常坚固稳定，也就是我们通常所说的"硬屏"，非常适用于公共显示设备和触摸屏。此外，硬屏用手轻划不会出现水纹样变形，如图 1.2.18 所示。这也是甄别软屏和硬屏的一种常用方法。

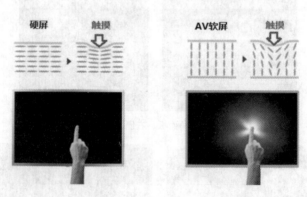

图1.2.18 硬屏识别方法

（3）VA 面板优缺点解读

VA 面板同样是目前高端液晶显示器应用较多的面板类型，属于广视角面板。和 TN 面板相比，8bit 的 VA 面板可以提供 16.7M 色彩和大可视角度，也是该类面板定位高端的资本，但是其价格也相对 TN 面板要昂贵一些。VA 类面板又可分为由富士通主导的 MVA 面板和由三星开发的 PVA 面板，其中后者是前者的继承和改良，也是目前市场上采用最多的类型。

VA 面板的优点：采用 VA 面板的显示器可视角度大、黑色表现也更纯净、对比度高、色彩还原准确。

VA 面板的缺点：功耗比较高、响应时间比较慢、面板的均匀性一般、可视角度相比 IPS 稍差。

【任务小结】

本任务主要学习了不同品牌液晶显示器的相关知识，包括显示器的材质、主要参数，以及显示器的亮度、色彩、对比度等。

任务 2　鼠标

"鼠标"的标准称呼是"鼠标器"，英文名"Mouse"。鼠标是计算机的一种输入设备，也是计算机显示系统纵横坐标定位的指示器，因形似老鼠而得名"鼠标"。鼠标的使用可以代替繁琐的键盘指令输入，使计算机的操作更加简便快捷。

【任务准备】

- PS/2 接口和 USB 接口鼠标各一个。

【任务过程】

1. 鼠标

如今的鼠标多采用光电感应器，早期的机械鼠标已被淘汰。根据感应器的不同，大致可将鼠标分为光电鼠标和激光鼠标。

（1）光电鼠标

光电鼠标是通过红外线或激光检测鼠标器的位移，将位移信号转换为电脉冲信号，再通过程序的处理和转换来控制屏幕上的光标箭头移动的一种硬件设备，如图 1.2.19 所示。光电鼠标的光电传感器取代了传统的滚球。这类传感器需要与特制的、带有条纹或点状图案的垫板配合使用。

（2）激光鼠标

激光鼠标其实也是光电鼠标，只不过是用激光代替了普通的 LED 光，如图 1.2.20 所示。因为激光是相干光，具备几乎单一的波长，因此可以穿过更多的表面，即使经过长距离的传播依然能保持其强度和波形。

图1.2.19　光电鼠标

图1.2.20　激光鼠标

2. DPI 值与鼠标垫

DPI 值是鼠标非常重要的一个参数，它是指鼠标移动 2.54 厘米（即 1 英寸）所经过的像素的数量。DPI 值越高，说明鼠标越灵敏。实际上，除非是游戏高手，否则 DPI 值太高会不易控制，鼠标垫可以发挥一些辅助控制的作用，如图 1.2.21 所示。但鼠标垫并非必须品，它只是让你更容易使用鼠标。

图1.2.21　鼠标垫

【任务小结】

本任务从两个方面学习了鼠标及其相关知识，第一个方面是了解鼠标和鼠标垫的作用，第二个方面是学习鼠标的类型和 DPI 值。

任务 3　键盘

键盘是最常用，也是最主要的计算机输入设备之一，如图 1.2.22 所示。通过键盘可以将英文字母、数字、标点符号等输入到计算机中，从而向计算机发出指令、输入数据等。

图1.2.22　键盘

【任务准备】

准备 4 种不同按键结构的键盘。

【任务过程】

键盘从结构上可以分为机械式、塑料薄膜式、导电橡胶式、电容式等几种类型；按接口形式不同可分为 USB 和 PS/2 两种。

通常键盘的右上方会有 3 个指示灯，从左到右分别为 Num Lock、Caps Lock、Scroll Lock，如图 1.2.23 所示。不同品牌的键盘表示不一样，但功能是没有差别的。

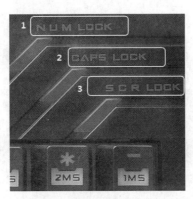

图1.2.23　键盘指示灯

① Num Lock 用于锁定或开启小数字键盘，灯亮表示开启状态，灯灭表示锁定状态。

② Caps Lock 表示打字时大小写的输入状态，灯亮时输入为大写，灯灭时输入则为小写。

③ Scroll Lock 是计算机键盘上的功能键，按下此键后在 Excel 中按上下键滚动时，会锁定光标而滚动页面；如果放开此键，则按上下键滚动时只滚动光标而不滚动页面。

1. 键盘的按键结构

（1）机械键盘

不同于一般键盘依靠"硅胶碗"进行键帽回位，机械键盘每一颗按键下都是一颗独立封闭的机械开关，键帽依靠开关内部的弹簧回位，如图 1.2.24 所示。相比容易老化的"硅胶碗"来说，机械键盘所使用的弹簧在使用寿命上占有更大的优势，单颗按键的理论使用寿命高达 2500～5000 万次。

（2）塑料薄膜式键盘

塑料薄膜式键盘具有成本低廉、噪音低的特点，而且键盘可以实现超薄、键帽透明等特殊设计，但这种键盘使用半年或更长一段时间后触感就会下降，如图 1.2.25 所示。

图1.2.24　机械键盘按键结构　　　　　　图1.2.25　塑料薄膜式键盘按键结构

（3）导电橡胶式键盘

采用接触橡胶触电方式通电，按下后不会影响其他按键，按键音小，且按键舒服，但橡胶键盘寿命很短，如图 1.2.26 所示。

（4）电容式键盘

由于电容式键盘采用的是无触电接触开关，所以键盘的磨损率极小，也不会出现触电或接触不良的现象，同时具有噪音小、反应灵敏等特点，如图 1.2.27 所示。

图1.2.26　导电橡胶式键盘按键结构

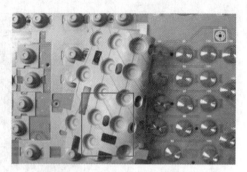

图1.2.27　电容式键盘按键结构

2. 键盘的外形

按照外形特点，键盘还可以分为标准键盘、人体工程学键盘和功能性键盘。

（1）标准键盘

标准键盘为长方形构造，按键依照固定的顺序排列，是最常见的类型，如图 1.2.28 所示。

（2）人体工程学键盘

人体工程学键盘是在标准键盘的基础上，将指法规定的左右手键区分开，并形成一定角度，使操作者不必有意识地夹紧双臂，可以保持一种比较自然的操作形态。这种按照人体工程学设计的键盘被微软公司命名为自然键盘，对于习惯盲打的用户可以有效地减少左右手键区的误击率，如图 1.2.29 所示。

图1.2.28　标准键盘

图1.2.29　人体工程学键盘

（3）功能性键盘

功能性键盘主要是为影音与游戏玩家使用上的便利，专门设计的控制人机交互显示的键盘，由许多功能按键组成；也可用来控制程序工作，即使用键盘上的快捷键进行音乐播放、音量调节、开关计算机、休眠启动等操作，如图 1.2.30 所示。由于附加功能目前没有统一标准，所以不同品牌提供的快捷键的数量和功能也不同。

图1.2.30　功能性键盘

【任务小结】

本任务主要学习了键盘在计算机应用过程中的作用，键盘的分类以及键盘的按键结构等。

任务 4 | 键盘与鼠标的传输接口

键盘和鼠标的接口大致相同，按照接口类型分为 PS/2、USB 两种。接下来我们认识两种接口。

【任务准备】

- 准备 PS/2 接口的键盘和鼠标；
- 准备 USB 接口的键盘和鼠标。

【任务过程】

1. PS/2 接口

虽然 PS/2 接口正逐渐被 USB 接口取代，但是 PS/2 接口并没有完全消失，通常键盘接口为紫色，鼠标接口为绿色，如图 1.2.31 所示，两者对应到主板上相同颜色的插槽。安装 PS/2 装置时，必须在关机状态下进行，重新开机后才能让主机与装置连接生效。

2. USB 接口

USB 接口是目前市场上应用最多的键盘和鼠标接口类型，如图 1.2.32 所示。由于 USB 接口具有即插即用的特点，因此可以在计算机工作的状态下进行更换。

3. 无线传输接口

无线传输接口使用更方便，移动更快速，除了省去理线的麻烦外，还可方便地改变键盘的位置，而不受线路和环境的限制。需要注意的是，无线键盘需要安装电池才能使用，如图 1.2.33 所示。

图1.2.31　PS/2鼠标、键盘接口

图1.2.32　USB接口

图1.2.33　无线传输接口

【任务小结】

本任务首先学习了鼠标和键盘的传输接口类型，其次学习了键盘和鼠标 PS/2 传输接口的颜色。

任务 5　机箱与电源

机箱是计算机元件的主要收纳场所,经由机箱内部的多层设计,可安装各种规格大小的元件,提供固定和保护作用。而电源是给主板供电的主要来源,机箱与电源在计算机中扮演着重要的角色,因此在选购时若考虑不周,很容易在之后的运行过程中发生元件损毁或无法使用硬件等问题。

【任务准备】

- ATX 结构机箱一个;
- AT 和 ATX 结构电源各一个。

【任务过程】

1. 认识机箱与电源

机箱是计算机元件中的主要配件之一,其作用不亚于其他主要装置,但很多人在组装计算机时,经常忽略挑选机箱的环节。电源通常情况下与机箱搭配销售,两者关系比较紧密,如图 1.2.34 所示。

图1.2.34　机箱与电源

2. 机箱的材料与规格

根据主板架构,机箱可分为 ATX、Micro-ATX、ITX 与 EATX 等类型。

（1）ATX 架构机箱

ATX（Advanced Technology Extended）架构机箱将 I/O 接口统一放置在同一端,如图 1.2.35 所示,改善了 CPU、内存条及显示卡等元件的安装位置,其散热设计更有效解决了安装硬件时的阻挡和散热问题。由于各种装置的安装与连接方便,因此 ATX 是目前最常用的机箱类型。

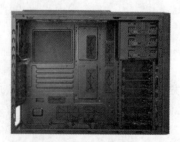

图1.2.35　ATX机箱

（2）Micro–ATX 架构机箱

Micro–ATX 是 ATX 架构的简化版，如图 1.2.36 所示。它通过减少固定架来达到缩小机箱的目的，但也因此在扩充硬盘和光驱的空间上受到限制。

（3）ITX 架构机箱

ITX 架构也属于小机箱类型，其结构更为简单，如图 1.2.37 所示。它加强了机箱的散热设计，改善了热空气的对流，另外还具有防噪音的功能。但由于市场上配套使用的计算机元件较少，因此家庭中较少使用。

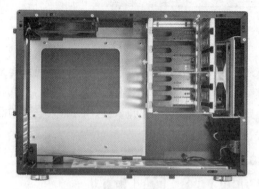
图1.2.36　Micro–ATX机箱

图1.2.37　ITX机箱

在选购机箱时要注意，各类型机箱均有相应类型的主板与之对应，如 ATX 机箱一般安装 30.5cm×24.4cm 大小的主板，而 Micro–ATX 对应的主板尺寸为 24.4cm×22.9cm，以免出现选配的机箱和主板不匹配。

3. 电源介绍

计算机中所有元件都必须依靠电源才能运转，因此电源能否提供稳定的电流输出，也是选购电源时不可忽视的环节。为了认识电源和正确选购电源，下面介绍电源相关知识。

（1）输出功率

输出功率是指直流电（DC）的输出功率，单位为瓦特，如 300W、350W 等。输出功率越大，代表可连接的装置就越多，未来扩充硬件时就越容易。一般厂商除了标识输出功率外，还会标出各种电压（+5V、–5V、+12V、–12V）所对应的电流大小，如图 1.2.38 所示。

图1.2.38　电源规格标识

（2）安全认证

电源属于家电类产品，同电视一样，需要经过电器用品的安全审核才能出售，目前国内电源常见的认证标准有 3C 认证，如图 1.2.39 所示。

图1.2.39　3C认证

（3）80 PLUS 能源认证

80 PLUS 计划是由美国能源署出台，Ecos Consulting 负责执行的一项节能现金奖励方案。由于计算机电源是将 220V/110V 交流电压转换成稳定的直流电压（如 12V、5V、3.3V 等），而转化的过程中就会产生损耗，因此选购时还要注意 80 PLUS 能源认证，以确保电源的品质，如图 1.2.40 所示。

80 PLUS认证

认证标准	80 PLUS	80 PLUS BRONZE	80 PLUS SILVER	80 PLUS GOLD	80 PLUS PLATINUM	80 PLUS TITANIUM
名 称	白牌	铜牌	银牌	金牌	白金牌	钛金牌
110V 最高效率	80%	85%	87%	90%	92%	94%
220V 最高效率	85%	88%	90%	92%	94%	96%

图1.2.40　80 PLUS能源认证

（4）电源插头

① 主电源插头

目前在 ATX2.2 的规范中，定义了双排设计、共 24-Pin 针脚的长方形主电源插头，如图 1.2.41 所示。

② +12V 电源插头

除了主电源插头以外，主板上还有一个 4-Pin 或 8-Pin 的 12V 电源插头，专门为 CPU 额外提供足够的电源，如图 1.2.42 所示。

③ SATA 电源插头

随着 SATA 接口硬盘和光驱的普及，电源上也有与其相对应的电源插头，一般电源上有 4~6 个 SATA 电源插头，如图 1.2.43 所示。

图1.2.41　24-Pin主板电源插头

图1.2.42　+12V电源插头

图1.2.43　SATA电源插头

【任务小结】

本任务主要学习了计算机机箱和电源的相关知识,首先介绍了不同结构机箱的作用和应用范围,其次介绍了不同规格电源及其输出功率、认证,以及电源各种供电接口和输出电压。

任务 6 　CPU

中央处理器(Central Processing Unit,CPU)是一块超大规模的集成电路,是计算机的运算核心(Core)和控制核心(Control Unit),俗称"处理器"。它负责执行算术运算、逻辑判断,以及控制设备等任务。

【任务准备】

- 准备不同系列的 Intel CPU;
- 准备主流的 AMD CPU。

【任务过程】

1. 认识 CPU

CPU 作为系统的运算与控制核心,计算机上的所有操作都必须经过 CPU 读取、编译并执行指令才能完成。

CPU 外观是近似圆角矩形的扁平物体,一面被钢制的金属外壳包裹,另一面则连接许多触点和针脚,如图 1.2.44 所示。目前市场上主流的 CPU 有 Intel 和 AMD 两个品牌,AMD 的 CPU 背面有针脚,而 Intel 则以多个金属触点代替,Intel CPU 的金属针位于主板的 CPU 插槽上。

图1.2.44　CPU外观

2. CPU 的规格与技术指标

随着芯片制作技术的快速发展和研发能力的增强，目前市场上 CPU 产品的型号很多，不了解其技术及其功能，买家往往难以在众多 CPU 中挑选出适合自己的产品。

3. CPU 的规格

CPU 的参数主要有主频、外频、倍频、核心数、针脚数、制造技术等。

（1）主频、外频与倍频

主频就是一般常说的 CPU 速度，其单位为 GHz，如 Core i5-3470 的主频为 3.2GHz，如图 1.2.45 所示，它代表 CPU 每秒钟处理指令可达 32 亿次。

图1.2.45　CPU主频

外频是指 CPU 与主板之间同步运行的速度，绝大部分计算机系统中的外频是指内存与主板之间的同步运行速度，单位为 MHz。通常所说的 CPU 超频，其中一种实现方法就是通过增加外频来提升 CPU 的速度。

主频与外频之间存在一种比例关系，即通常所说的倍频。主频=倍频×外频。通过这个公式可以看出，无论是修改倍频还是修改外频，都可以达到提高主频的目的，即超频。

（2）CPU 的核心数

在 CPU 的多核时代，双核、四核是目前市场上最常听到的名词。顾名思义，早期的单核即表示处理器拥有一个内核，双核是指其上有两片功能相同的内核，四核、八核以此类推。

（3）针脚数

CPU 的针脚数会因产品类型及品牌不同而不同。如 Intel 的 LGA1151、LGA1150 和 LGA2011-V3 等规格，其针脚数就分别为 1151、1150、2011 根。AMD 的 Socket FM2、Socket FM2+、Socket AM3、Socket AM3+的针脚数则分别为 904、906、938、940 根。不同针脚数的 CPU 必须使用与其对应的主板。

4. 提升 CPU 效能的技术

CPU 效能即 CPU 处理数据的速度快慢，效能高低将影响系统的运算速度。Intel 与 AMD 的竞争，促使双方不断地研发新技术以提高 CPU 的效能。其中比较关键的效能技术有以下几种。

（1）超线程技术

超线程（Hyper-Threading）是 Intel 公司研发的一种技术，是指一个 CPU 同时执行多个程序而共同分享一个 CPU 内的资源，像两个 CPU 在同一时间执行两个线程一样。虽然采用超线程技术能同时执行两个线程，但它并不像两个真正的 CPU 那样，每个 CPU 都具有独立的资源。当两个线程都同时需要某一个资源时，其中一个要暂时停止，并让出资源，直到这些资源闲置后才能继续，因此超线程的性能并不等于两个 CPU 的性能。

（2）多核心处理技术

多核心是指在一个处理器中集成两个或多个完整的计算引擎（内核）。使用这种技术制作的处理器可由各核心分头运作，以提升 CPU 的运算速度。多核心处理技术不但解决了单核心功耗大、散热不易的问题，而且在节约成本的同时，进一步提高了 CPU 的性能。目前市场上以四核 CPU 为主流，但双核、六核、八核处理器也不断有新产品推出。

（3）缓存

缓存是数据交换的缓冲区，即快速设备与慢速设备间的存储缓冲区。如 CPU 在读取资料时，会先从硬盘中将数据载入内存中，然后再放入快速读取的缓存区，之后读取便可直接从缓存中提取，可以节省等待时间。由于缓存的运行速度比内存快得多，故缓存的作用就是帮助硬件更快地运行。目前主流 CPU 一般采用三级缓存。

L1 Cache（一级缓存）的速度与 CPU 相同，一般最近使用的资料都会存放在一级缓存中，以方便 CPU 快速读取。因此 L1 缓存的容量大小对 CPU 的性能影响比较大，L1 缓存有 128KB 或 256KB 两种。

L2 Cache（二级缓存）的速度比 L1 缓存慢，容量一般在 1MB~8MB。

L3 Cache（三级缓存）比 L2 缓存更慢，缓存容量达到 8MB 以上。通过测试软件可以查看以上效能技术的运用，如图 1.2.46 所示。

 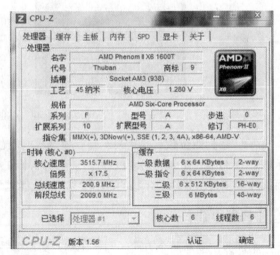

图1.2.46　CPU效能技术的运用

5. 识别 CPU 型号

CPU 的正面包含了很多产品的信息。下面介绍两大主流 CPU 的命名规则，以及型号中透露出的信息。

（1）Intel CPU

Intel 的产品型号众多，总的来说有三个固定的系列 Celeron（赛扬）、Pentium（奔腾）、Core（酷睿），分别对应低端、中低端、中/高端三个档次，如图 1.2.47 所示。

图1.2.47　Intel系列CPU

例如 Core i5-3570K 的第一个数字 3 代表的是第三代，而 Core i7-6700K 的第一个数字 6 代表的是第六代。Celeron、Pentium 是中低端产品，只有两个核心，从型号上看 Celeron G 1xxx 和 Pentium G 3xxx 是第四代 CPU，第六代没有 Celeron 系列的产品，只有 Pentium G 4xxx。

（2）AMD CPU

相对于 Intel 来说，AMD 的型号要简单一些，只有 FX 和 APU 两个系列，如图 1.2.48 所示。其中 FX 系列不带显示核心，如 FX 6300。一般来说，数字越大性能越好，FX 8370 就要比 FX 6300 的主频高一些。第一个数字 8 或 9 对应的是八核产品，4 和 6 分别对应的是四核和六核产品。

图1.2.48　AMD系列CPU

APU 系列四位数字的是表示带有显示核心数的，如 A10-7850K；三位数字的则是去掉了显示核心的 APU，如 AMD X4 860K。子系列 A4 和 A6 是双核心，A8 和 A10 是四核心，单字 A 后面的数字越大，说明显示核心越强，CPU 效能越好。

【任务小结】

本任务主要从两个方面学习了 CPU 及其相关知识，一是不同品牌 CPU 外观及型号；二是 CPU 的各项性能指标及参数。

任务 7　主板

主板不仅是计算机最重要的元件之一，也是机箱内体积最大的电路板，如图 1.2.49 所示。主板上包括 CPU 插槽、南桥芯片、内存插槽、电源接口、扩展卡插槽、BIOS 芯片、键盘、鼠标和开关连接口等。大部分主板还会配备 2~6 个扩充插槽供计算机升级之用，通过这些插槽可以另外加装内存、网卡、独立显卡等。既然主板如此重要，那么就必须先了解各种接口的功能与相关规格参数，以便在选择时做到心中有数，下面将详细介绍主板。

图1.2.49　主板结构图

【任务准备】

- 支持 Intel CPU 的主板一块；
- 支持 AMD CPU 的主板一块。

【任务过程】

1. CPU 插槽（Intel/AMD）

CPU 有许多规格和型号，不仅在快速记忆、执行等性能参数上有所不同，在针脚外观以及针脚数目上也有差异，不同 CPU 对应的主板 CPU 插槽也不相同。因此在购买主板时，必须从商家以及产品说明书上了解CPU对应的主板插槽。下面介绍几种主流主板的CPU插槽，如图 1.2.50 所示。

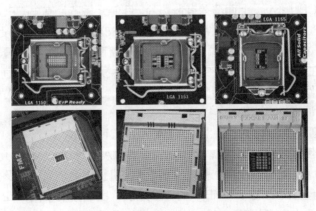

图1.2.50　主流Intel和AMD的CPU插槽

表 1-2-7 列出了 Intel 和 AMD 两大厂商主流主板 CPU 插槽类型，及其支持的 CPU 型号。

表 1-2-7　主板支持的 Intel 和 AMD CPU 型号

主板品牌	插槽规格	针脚数量	对应的 CPU
Intel	LGA 2011 v3	2011	支持 Core i7
	LGA 1155	1155	支持第三代 Ivy Bridge 架构处理器
	LGA 1150	1150	支持第四代 Haswell 架构处理器
	LGA 1151	1151	支持第六代 Skalake 架构处理器
AMD	Socket AM3	938	支持 Phenom Ⅱ乂3/乂4、Phenom 乂3/乂4 等处理器
	Socket AM3+	940	支持 AMD F乂 系列处理器
	Socket FM1	905	AMD APU
	Socket FM2	904	AMD APU
	Socket FM2+	906	AMD APU

2. 内存插槽（DDR3/DDR4）

目前市场上的内存条大部分都是采用 DDR3 或 DDR4 规格，一般来说低端主板只有 2~4 个内存插槽，而中高端有 4~8 个内存插槽，如图 1.2.51 所示。大多数主板的内存插槽都位于 CPU 插槽的一侧，而 X99 主板的内存插槽则位于 CPU 插槽的两端，很容易看出差别。说到内存插槽，就不得不提起双通道技术，这种技术简单来说就是在内存插槽上安装两条容量相同的内存条，使得 CPU 在处理数据时，可在不同的通道上同时存取资料，提升 CPU 与内存之间交换数据的频率。

图1.2.51　内存插槽

3. 南北桥芯片

主板上的北桥芯片（North Bridge）与南桥芯片（South Bridge）是计算机内最大的两块芯片。北桥芯片通常距 CPU 不远，上面覆盖有散热片。目前北桥芯片有向 CPU 内整合的趋势，Intel 全系列和 AMD 的 APU 已经这样做了，所以 HZ170、A88X 这类主板已经没有北桥芯片了。南桥芯片被设置于 PCI-E 插槽附近，如图 1.2.52 所示。随着南桥芯片的发热量越来越大，大多数厂商为了主板的稳定，在南桥芯片上也加装了散热片。北桥芯片主要负责 CPU、内存、PCI-Express 等需要高速传输的元件，南桥芯片主要负责 PCI、USB、I/O 端口、SATA/IDE 等装置，以及声卡与网卡周边装置的调配。

4. 硬盘和光驱插槽（SATA3/M.2/SATA-E/PCI-E）

硬盘和光驱主要使用 SATA3 插槽，还有 M.2、SATA-E 和 PCI-E 等几种高速插槽。

SATA3 可以达到 600MB/s 的传输速度，可以满足机械硬盘、光驱以及大多数固态硬盘的需求。但是少数固态硬盘已经超过 600MB/s 的传输速度，因此就要使用 M.2、SATA-E 或 SATA 插槽。其中 SATA-E（SATA Express）是 SATA 国际组制定的新规范，速度可以达到

800MB/s~1600MB/s，同样 SATA3 也能使用 SATA-E 通道，如图 1.2.53 所示。

北桥芯片

南桥芯片

图1.2.52　南北桥芯片

图1.2.53　SATA3和SATA-E插槽

5. 显卡插槽（PCI-E）

目前显卡插槽标准是 PCI-Express 3.0，这种插槽可以用来安装声卡和固定硬盘装置。PCI-Express 也称 PCI-E，是 Intel 主流的第三代 I/O 总线技术，它沿用了传统 PCI 接口的通信标准和优势，已成为目前显卡的主流插槽。PCI-E 具有以下特性。

（1）高速传输速度

PCI-E 1.0 具有单向 250MB/s，双向 500MB/s 的传输速度。随着传输倍速技术的提高，目前 PCI-E 3.0 最高传输速度可达到 32GB/s（双向），这也是目前其他传输接口难以取代的优势。

（2）×1 ~ ×16 带宽

PCI-E 的数据传输带宽也称为通道，它可以在×1、×2、×4、×8、×16 等带宽下工作，其中 PCI-E ×16 为目前最常见的独立显卡插槽，现在有很多主板还额外增加了迷你的 PCI-E ×1 接口，主要提供给声卡、视频卡等设备使用，如图 1.2.54 所示。

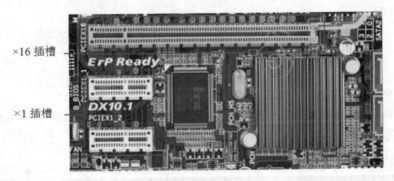

×16 插槽

×1 插槽

图1.2.54　PCI-E插槽

6. BIOS 芯片

BIOS 是基本输入/输出系统，也是计算机开关机时最先执行的程序，如图 1.2.55 所示。BIOS 的主要功能是开机检测元件是否正常，对内存、芯片组、显卡及周边硬件做初始化，记录系统处理器、内存等设备的设定值，引导计算机开机载入系统，BIOS 一旦损坏将导致主板不能使用。

图1.2.55　BIOS芯片

7. CMOS 电池

在主板上有一块 CMOS 电池，它可以给 CMOS 芯片供电，确保 BIOS 中的时间资料可以持续更新，如图 1.2.56 所示。除了维持时间外，CMOS 电池还能保存 BIOS 的设定等。新主板的 CMOS 电池通常能用 5 年左右。如果电池电压不足，将导致计算机的时间和日期不准确，且每次启动时需要重新设置 BIOS 或是设置时钟。

8. 主板电源插槽

主板电源插槽是连接电源为主板供电的主要接口，可分为两种，一种是 20Pin 的 ATX 电源插槽，另一种为 24Pin 的电源插槽，如图 1.2.57 所示。为了满足主板功率越来越高的需求，目前主板几乎都采用 24Pin 针脚设计的电源插槽。

图1.2.56　CMOS电池

图1.2.57　主板电源插槽

9. 风扇插槽

高速运转中的 CPU 会产生热量，如果这些热量不能及时散出，将会导致主板的温度过高，进而烧毁其他元件。因此，必须在 CPU 上加装一个风扇来散热，主板给 CPU 风扇供电的插孔如图 1.2.58 所示。

10. 机箱前置面板插槽

机箱前置面板插槽有电源按钮、复位键、电源指示灯、硬盘工作指示灯等，面板的连线与主板对应接口连接后将正常发挥作用。图 1.2.59 展示了主板的电源开关、PC 喇叭、电源指示灯、硬盘工作指示灯等线路的连接位置和连接方法。

图1.2.58　风扇插槽

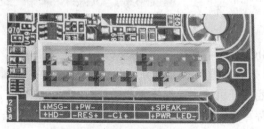

图1.2.59　机箱前置面板插槽

11. 其他传输插槽

主板内除了以上的各种连接接口外，还有一些常见的外接传输接口，例如 PS/2 插槽、USB 插槽、网卡插槽、显卡插槽、音频插槽等，如图 1.2.60 所示。

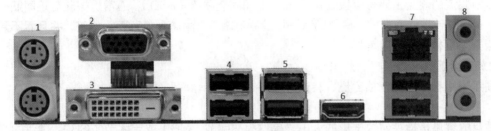

图1.2.60　其他传输插槽

① 1 是 PS/2 接口，用于安装 PS/2 鼠标和键盘，其中紫色插槽接键盘、绿色插槽接鼠标。

② 2 是 VGA 接口，用于连接显示器。

③ 3 是 DVI 数字接口，也用于连接显示器。

④ 4 是 USB2.0 接口，主要连接外置 U 盘、移动硬盘或 USB 接口的鼠标和键盘等。

⑤ 5 是 USB3.0 接口，它的传输速度高达 5GB/s，具有更高的带宽、更好的电源管理，能够使主机为器件提供更大的功率，从而实现 USB 充电电池、LED 照明和迷你风扇等应用。

⑥ 6 是高清多媒体接口（High Definition Multimedia Interface，HDMI），是一种数字化视频/音频接口技术，是用于影像传输的专用型数字化接口，可同时传送音频和视频信号，最高数据传输速度为 5GB/s，并且在传送信号前无须进行数/模或者模/数转换。

⑦ 7 是 RJ45 网络接口，为网卡与网线接头连接针，其最显著的特征是从外部可以看到 8 个金属针。

⑧ 8 是音频接口，通常为圆形插孔。由于符合 PC99 颜色规格，均采用彩色接口，非常容易辨别，其中蓝色为 Speaker 接口，红色为 Mic 接口，绿色为 Line-in 音频输入接口。

【任务小结】

本任务主要学习了主板上的 CPU 插槽、内存插槽、硬盘接口、PCI 插槽、PCI-E 插槽、BIOS 芯片、集成设备芯片、外部设备接口等元件的功能和特性。

任务 8　硬盘

硬盘是存储文件的主要设备，一旦有任何故障发生，均可能导致重要文件遗失，造成难以弥补的遗憾。因此，硬盘的精良与否，决定了文件存储的安全性。目前市场上硬盘的类型和规格众多，在价格、性能上也存在差异。

【任务准备】

- 主流 SATA 接口硬盘一块；
- SSD 固态硬盘一块。

【任务过程】

1. 硬盘类型

目前主流的硬盘主要有机械硬盘（HDD）和固态硬盘（SSD）。通常机械硬盘正面贴有产品标签，背面是传输界面插槽，底部则有一块控制电路板。固态硬盘背面为标签，并且看不到控制电路板，与机械硬盘略有差异。

2. 硬盘规格

硬盘规格参数主要包括容量、转速、缓存、数据传输率和平均寻道时间等。

（1）容量

硬盘的容量是指存储数据量的大小，单位为兆字节（MB）或吉字节（GB）。硬盘的容量是用户购买硬盘要考虑的首要参数之一。硬盘是由几张单独的盘片叠加在一起组成的，所以每张盘片的容量直接关系到整个硬盘容量的大小。目前硬盘的单盘容量从 500GB 到 8TB 不等。

（2）转速

硬盘的转速以每分钟多少转来表示，单位为 RPM（Rotations Per Minute）。转速是选购硬盘时最重要的参数之一，也是决定数据传输速率的关键因素，转速越高，其读取速度也就越快。目前台式机硬盘转速为 7200RPM、10000RPM，而基于散热性能的考虑，笔记本电脑通常采用 5400RPM 转速的硬盘。

（3）缓存

缓存的基本作用是平衡硬盘内部与外部间的数据传输速率，通过预读、写缓存和读缓存，减少系统的等待时间，提高数据传输速率。

（4）数据传输率

数据传输率是指硬盘读写数据的速度，其单位为 MB/s。数据传输率可分为外部传输率和内部传输率。

内部传输率反映了硬盘缓存区未使用时的性能，主要依赖硬盘旋转速度。外部传输率是系统总线与硬盘缓冲区之间的数据传输率，与硬盘接口类型和缓存大小有关，目前 SATA III 硬盘的最大数据传输速率为 750MB/s。

（5）平均寻道时间

平均寻道时间是指硬盘的磁头移动到盘面指定磁道所需的时间。

3. 硬盘介绍

（1）SATA 硬盘

SATA（Serial Advanced Technology Attachment）简称串口，如图 1.2.61 所示。SATA 支持热插拔，传输速度快，执行效率高。SATA I 速率可达 150MB/s，SATA II 增加一倍，为 300MB/s，SATA III 的速率又提升一倍，达到 600MB/s。目前市场上主流 SATA 硬盘为 SATA III。

（2）固态硬盘

固定硬盘具有防震、读取速度快、省电、无噪声等特点，如图 1.2.62 所示。但由于价格偏高，目前还不能完全取代机械硬盘。一般都是采用固态硬盘来安装系统，以取得较快的速度。

（3）外接式硬盘

外接式硬盘具有体积小、容量大、速率快等特点，支持热插拔，常常作为计算机硬盘容量的扩充，它使用的传输接口主要有 USB 与 SATA 两种。

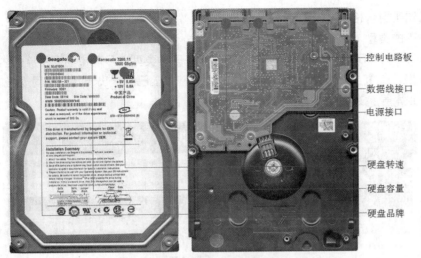

控制电路板

数据线接口

电源接口

硬盘转速

硬盘容量

硬盘品牌

图1.2.61 SATA硬盘

图1.2.62 固态硬盘

【任务小结】

本任务主要学习了硬盘接口、控制电路板、硬盘内部结构，以及硬盘的各项规格参数等。

任务 9 内存

内存就是暂时存储程序以及数据的地方，是硬盘与 CPU 沟通的桥梁。例如，当我们使用 WPS 软件处理文稿时，从键盘上敲入的字符会被暂时存入内存中，当选择存盘时，内存中的数据才会被存入硬盘。

【任务准备】

DDR、DDR2、DDR3、DDR4 内存条各一条。

【任务过程】

1. 内存的标准与规格

内存也跟其他产品一样，有着一系列的标准与规格，选购前应该对内存有所了解，再结合实际需求才能购买到合格的产品。

（1）内存的类型

内存通常分为 SDRAM、DDRRAM 和 RDRAM 三种类型。目前市场上主流的内存为 DDR3 和 DDR4 规格，如图 1.2.63 所示。其他规格的内存基本上已经退出市场，不同规格内存的针脚、容量、工作频率等参数存在差异。

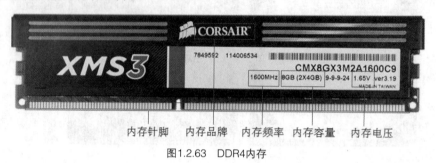

图1.2.63　DDR4内存

（2）内存的工作频率

工作频率指内存与 CPU 交换数据的快慢，单位为 MHz。内存的频率越高，速度越快，性能越出色。目前，市场上 DDR3 的频率有 1333MHz、1600MHz、1800MHz 等规格；DDR4 的最低频率为 2133MHz，高端产品可以达到 4000MHz 以上。

（3）容量

容量是内存的性能指标之一，目前市场上常见的内存容量为 4GB 和 8GB。内存的容量越大，与 CPU 交换的数据越多，可同时运行多个程序或游戏等；但若容量较小，执行较多的程序时，计算机速度就会很慢。

（4）SPD

SPD（Serial Presence Detect）用于检测并记录内存芯片的相关信息，如容量、电压、带宽等。

2. 内存与主板的搭配

主板上通常有 1~3 对内存插槽，每对由两种不同颜色的插槽组成。若要让主板运行双通道、三通道或四通道模式，则必须将内存安装在相同颜色的插槽中。下面介绍内存与主板搭配的知识。

（1）支持类型

主板所支持的内存类型一般是固定的。以华擎 Z87M 型号主板为例，主板支持的内存类型为 DDR3，如表 1-2-8 所示。如果在没了解清楚的情况下，为了追求高效能买了不匹配的内存，就会因为主板不支持而无法安装。因此，在购买内存之前，务必确认主板支持的内存类型。

表 1-2-8　主板支持的内存类型

主板芯片组	Intel Z87	芯片组描述	采用 Intel Z87 芯片组
支持的 CPU 平台	Intel	CPU 插槽类型	LGA 1150
主板结构	Micro-ATX	支持内存类型	DDR3

（2）最高支持容量

主板支持的最高内存容量并非无限制，目前市场上的主板一般配有 2~4 个内存插槽，而常见的单条内存的容量有 2GB、4GB 和 8GB 等，即含有两个内存插槽的主板最高支持 16GB 内存。

大家可根据主板的配置以及操作系统的需求购买适当容量的内存。

3. 内存被封容量

安装在计算机中的内存的容量不一定能完全派上用场，如本来是插入的一个 4GB 的内存条，但在系统中查看信息时内存容量却显示为 3GB 左右。这并不是遇上黑经销商，而是使用 32 位操作系统的缘故，32 位 Windows 操作系统检测到的内存容量是真实可用的容量大小。使用以下方法可以让 4GB 的内存容量全部用上。

（1）在 BIOS 中开启 PAE 功能，此项功能只有在 BIOS 及操作系统支持的情况下才能开启。

（2）使用 Remdisk 或其他具有同样功能的内存虚拟软件，将未使用的内存容量虚拟成一个硬盘，手动将操作系统暂存资料放到其中，能在一定程度上提高系统速度。

（3）安装并使用 64 位操作系统，64 位操作系统最大支持 128GB 的内存。

4. 选择 DDR3 还是 DDR4

相同频率下，DDR3 和 DDR4 没有多大区别，高频率的 DDR4 价格贵，所以不要为了 DDR4 特意配置其他硬件，应该依据 CPU 的类型与型号选择内存的类型。如果买了第六代 CPU 自然就使用 DDR4 了，目前 AMD 的各种 CPU 和芯片组只能使用 DDR3。

5. APU 怎么配内存卡

对于 APU 来说，一部分的内存要作为显示内存使用，所以容量最好大一些。64 位操作系统配 8GB 或更高容量的内存为好，双通道似乎是必需的，买两条 4GB 或 8GB 内存，而不要买单条大容量的内存，频率最好在 1800MHz 以上。

【任务小结】

本任务学习了 DDR~DDR4 内存的标准与规格，内存工作频率、容量，以及内存与主板的搭配。

任务 10 显卡

显卡（Video card，Graphics card）全称显示接口卡，又称显示适配器，是计算机最基本、最重要的配件之一。显卡将计算机的数字信号转换成模拟信号让显示器显示出来，同时显卡还具有图像处理能力，可协助 CPU 工作，提高计算机的整体运行速度。面对市场上种类繁多的显卡，究竟该如何分辨和选择呢？下面将对显卡的外观、种类、规格、参数做深入的介绍。

【任务准备】

- nVIDIA 芯片组和 AMD-Radeon 芯片组的 PCI-E 独立显卡各一块；
- 含有集成显卡的主板一块。

【任务过程】

1. 独立显示卡

家用计算机的显卡可分为独立显卡和集成显卡。独立显卡是指在购买计算机配件时另外购买，并且可在主板上独立安装和拆卸，如图 1.2.64 所示。集成显卡则是整合在主板上的既有显示芯片，因此不需另外购买显卡也能正常输出影像。一般来说，集成显卡的价格较为便宜，但在效能上逊色于独立显卡。目前，市场上主流的显卡有 NVIDIA 芯片组的 GeForce 系列和 ATI 芯片组的 Radeon 系列。

PCB 基板

VGA 接口

显卡风扇

DVI 接口

显存芯片

数据总线接口

图1.2.64　独立显卡

（1）NVIDIA 芯片组显卡

　　NVIDIA 公司拥有全球最先进的影像处理技术，NVIDIA 显卡型号的第一位数字代表其所在序列，如 GTX980，第一位数字 9 代表它是 900 系列的产品，第二位数字 8 则表明它在这个系列中的档次，如果第二位是 7、8、9，则为最高系列的显卡，如果第二位是 5、6，则为中档产品，以此类推，如果第二位是 1、2、3，则为低端产品。

（2）AMD-Radeon 芯片组显卡

ATI（Array Technoloy Industry）公司是全球知名图形多媒体厂商，目前已被 AMD 公司收购。ATI 将 Radeon 芯片分为 R7/9 系列，其中 R9 系列为最新产品。

2. 集成显卡

集成显卡是将原本外接的显卡整合到主板或 CPU 上，如图 1.2.65 所示。消费者购买主板或 CPU 时也等于购买了显卡。目前，显卡芯片正从集成到主板转向集成到 CPU 发展。

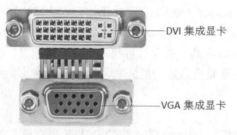

DVI 集成显卡

VGA 集成显卡

图1.2.65　集成显卡

3. 显卡的规格

　　显卡性能的优劣是由一系列的规格参数所决定的，用户可以从以下参数着手来判断产品的整体性能。

（1）芯片组

　　显卡芯片组又称为 GPU（Graphics Processing Unit），同时也是显卡的核心，主要用于 3D渲染和图形处理。由于在处理较复杂的影像时，芯片组的温度通常会迅速升高，因此，芯片组通常覆盖有散热片与风扇，如图 1.2.66 所示。

图1.2.66　显卡芯片

（2）显存

显卡的显存种类繁多，有 MDRAM、SGRAM、GDDR 等，目前独立显卡的显存多数采用 GDDR3 或 GDDR5 的规格。GDDR3 都是在低端产品中使用，如图 1.2.67 所示，中高端主要使用 GDDR5。

图1.2.67　显存

（3）显卡接口

显卡接口发展经历了 ISA→PCI→VGA→PCI-E 接口，目前主流采用 PCI-E 3.0 接口。相对于其他种类的接口，PCI-E 3.0 具有更高的带宽和传输速度。

4. 显卡的功能

画面输出是显卡的基本功能，当使用者坐在显示器前操作键盘和鼠标的同时，显卡也在不停地工作，将各项指令传输到屏幕上。同时，显卡还具有图形处理、2D/3D 影像处理、影像播放等功能。

【任务小结】

本任务学习了独立显卡、集成显卡、NVIDIA 显卡芯片和 AMD-Radeon 显卡芯片、显卡接口的识别，以及显卡的重要性能参数。

任务 11　网卡

网卡的全名为 Network Interface Card（网络接口卡），是一种应用最广泛的网络设备，是连接计算机与网络的硬件设备，也是局域网最基本的组成部分之一。

【任务准备】

- 100Mbit/s、1000Mbit/s 独立网卡各一块;
- 集成网卡主板一块。

【任务过程】

1. 网卡的功能

网卡起着向网络发送、控制、接收并转换数据的作用,它有两个主要功能:一是将计算机的数据封装为帧,并通过网线将数据发送到网络上去;二是接收网络上其他设备传过来的帧,并将帧重新组合成数据,发送到所在的计算机中。网卡能接收所有在网络上传输的信号,但正常情况下只接收发送到该计算机的帧和广播帧,而将其余的帧丢弃。简单地说,我们可以把网卡插在计算机的主板扩展槽中,通过有线网络或无线网络去高速访问其他的计算机和互联网,以达到共享资源、交换数据的目的。根据网卡的集成度可以分为独立网卡和集成网卡;根据网卡传输数据的方式还可以分为有线网卡和无线网卡。

2. 独立网卡

流行的独立网卡通常采用 PCI 接口,即应用于主板的 PCI 插槽。也有采用速度更快的 PCI-E 接口,其外形与 PCI 接口相同。随着技术的发展及 PCI-E 接口的流行,PCI-E 接口网卡的应用也将越来越广。如图 1.2.68 所示为 PCI-E 接口网卡。

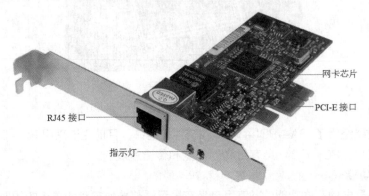

网卡芯片

PCI-E接口

RJ45 接口

指示灯

图1.2.68 独立网卡

3. 内置网卡

内置网卡又叫集成网卡(Integrated LAN),如图 1.2.69 所示。把网卡集成到主板上的做法从 20 世纪 90 年代开始,特别是随着包含 ADSL 在内的各种宽带接入技术的普及,集成网卡的需求比例也相继提高,因此将网卡集成到主板上的方案逐渐为各级厂商所广泛采用。

4. 网卡的规格

网卡的好坏直接影响网络的速度,用户可以通过以下参数来判断产品的整体性能。

(1)数据传输速度

由于存在多种规格的以太网,所以网卡也存在多种传输速度,以适应它

图1.2.69 集成网卡

所兼容的以太网。网卡在标准以太网中速度为 10Mbit/s，在快速以太网中速度为 100Mbit/s，在千兆以太网中速度为 1000Mbit/s。

不同传输模式的网卡的传输速度也不一样。例如，在快速以太网中，半双工网卡的传输速度是 100Mbit/s，而全双工网卡的传输速度则是 200Mbit/s。

（2）总线方式

网卡目前主要有 PCI、PCI-E、ISA 和 USB 四种总线方式。

（3）兼容性

和其他计算机产品一样，网卡的兼容性也很重要，不仅要考虑到和安装的计算机兼容，还要考虑到和计算机连接的网络兼容，所以选用网卡尽量采用知名品牌的产品，不仅安装容易，而且能享受到优质的售后服务。

【任务小结】

本任务学习独立网卡和集成网卡的识别，以及了解网卡的规格。

任务 12 路由器

路由器（Router）是连接各局域网、广域网的设备，如图 1.2.70 所示。它会根据信道的情况自动选择和设定最佳路由。路由器是互联网的枢纽，目前路由器已成为实现各种骨干网内部连接、骨干网间互联和骨干网与互联网互联互通业务的主力。

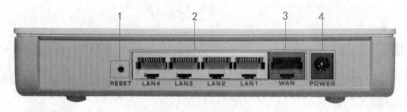

图1.2.70 家庭路由器

① RESET：路由器复位键，此按键可以还原路由器的出厂设置。

② LAN1-LAN4 接口：计算机与路由器的连接口，此接口用一条网线把计算机与路由器连接。

③ WAN 接口：猫（Modem）或者是交换机与路由器的连接口（WAN）。

④ POWER 接口：路由器供电电源接口。

【任务准备】

- 电信 Modem；
- 家庭无线路由器；
- 主机一套，网线两根。

【任务过程】

1. 路由器的功能

路由器的一个作用是连通不同的网络，另一个作用是选择信息传送的线路。选择通畅快捷的近路，能大大提高通信速度，减轻网络系统通信负荷，节约网络系统资源，提高网络系统畅通率，从而让网络系统发挥出更大的效益。

路由器的主要工作就是为经过路由器的每个数据帧寻找一条最佳传输路径，并将该数据有效地传送到目的站点。

2. 家庭路由器连接方法

当今越来越多的家庭开始用路由器来组建家庭局域网和分享 WiFi 网络，通过将宽带与无线路由器相连，可以实现手机、笔记本等 WiFi 终端设备共享上网，如图 1.2.71 所示。

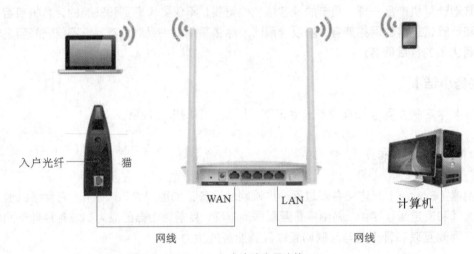

图1.2.71　家庭路由器连接

【任务小结】

本任务学习了家庭路由器的功能、家庭路由器各端口的作用，以及家庭路由器如何与因特网连接组建家庭局域网。

任务拓展——相关知识

1. 液晶显示器工作原理

液晶显示器通常又称为 LCD（Liquid Crystal Display）显示器。液晶是像液体一样可以流动的棒状分子，可以使光线直接穿过，但是通过电位可以改变晶体的方向及通过它的光的方向。液晶显示器就是通过其中的液晶对光波的偏转作用来显示图像的。液晶显示器的主体是液晶显示板，它由两块玻璃板构成，厚约 1mm，中间是厚约 5μm（1/1000mm）的水晶液滴，被均匀间隔隔开，包含在细小的单元格结构中。对于彩色 LCD，每个像素由三个单元格构成屏幕上的一个像素，其中的每一个单元格前面都分别有红、绿、蓝的过滤器，当这些过滤器关闭或打开的时候，对应的像素点也就灭或亮，多个点不同的显示就组成了图像。液晶显示器中一个像素即为一个光点，如果该光点永远亮或不亮，就是常说的亮点或暗点，即失效像素点。从技术上讲，亮点或暗点是液晶显示板上不可修复的像素，是在生产过程中产生的。像素包含的三个单元格中的任何一个单元格出现故障都会使这个像素成为一个亮点或暗点。

2. 液晶显示器灯管

液晶是一种介于固态与液态之间的物质,但液晶本身是不能发光的,需要借助额外的发光源。最早的液晶显示器只有上下两个灯管,发展到现在,普及型的液晶显示器最低也是 4 灯,高端的则是 6 灯。同时灯管的排列也会影响屏幕的明暗均匀。

3. PS/2 接口

PS/2 接口是 IBM 公司于 1987 年推出的键盘接口标准,俗称"小口"。这是一种鼠标和键盘的专用接口,采用 6 针的圆形接口。

4. 电源

（1）电源输出电压

电源为微型计算机各部件提供工作能源,作用是把交流 220V 的电源转换为计算机内部使用的直流 5V、12V、24V 的电源。"不间断供电电源（UPS）"由电池组、逆变器和控制电路组成,是一种能在电网异常（停电、浪涌、欠压、市电陷落、辐射干扰等）时不间断地提供交流电力的电源保护和储能设备。对于重要的计算机可以使用 UPS 供电,以保证数据安全。ATX 电源和 AT 电源不一样,ATX 电源除了在线路上做了一些改进,其中最重要的区别是,关机时 ATX 电源本身并没有彻底断电,而是维持了一个比较微弱的电流;同时它利用这一电流增加了一个电源管理功能,称为 Stand-By,可以让操作系统直接对电源进行管理,通过此功能,用户就可以直接通过操作系统实现软关机,而且可以实现网络化的电源管理。如在计算机关闭时,可以通过网络发出信号到计算机的 Modem 或是网卡上,然后监控电路就会发出一个 ATX 电源所特有的+5V SB 激活电压,来打开电源启动计算机,从而实现远程开机。

（2）ATX 电源的版本

ATX 12V 电源有多个版本,其版本的演变主要有以下阶段:

ATX 1.01 是早期版本,采用吹风方式散热;

ATX 2.0 采用排风散热;

ATX 2.01 与 ATX 2.0 的区别是+5V SB 输出电流从 100mA 改为 720mA;

ATX 2.02 与 ATX 2.01 相比增加了一个 ATX +5V/+3.3V 辅助连接器,此外对-5V 和-12V 的输出电压偏差进行了调整;

ATX 2.03 与 ATX 2.02 从实质上并没有多大的区别,主要是将 ATX 2.02 中的 Micro ATX 改为 Mini-ATX,以区别于 Intel 提出的另一个标准 Micro-ATX。另外,建议在电源顶端增加新的通风窗口以增强对 CPU 的散热。

5. 硬盘容量计算

1TB 的硬盘实际容量只有 931GB,1.5TB 的硬盘实际容量只有 1.3TB（1397GB）,2TB 的硬盘实际容量只有 1.8TB（1862GB）,这并不是厂商或经销商以次充好欺骗消费者,而是硬盘厂商对容量的计算方法和操作系统的计算方法有所不同造成的。

计算机里的容量都是以二进制方式编制的,即 1KB=1024B,1MB=1024KB,1GB=1024MB,1TB=1024GB,以此类推。但硬盘在生产时是以十进制方式编制的,即 1KB=1000B,1MB=1000KB,1GB=1000MB,1TB=1000GB,以此类推。

换算公式如下:形式容量/1024×1024×1024=实际容量/1000×1000×1000。

任务拓展——疑难解析

1. 真假 CPU 识别

Intel 在其 CPU 表面塑料封膜上使用了特殊的水色字印刷工艺，因而字迹非常牢固。无论你用指甲怎样刮磨，这些字迹都不会被擦掉，而假冒 CPU 表面的字迹却很容易被指甲刮掉。所以若碰到字迹模糊或能用指甲轻易刮掉 CPU 表面上文字的，这个 CPU 就一定是假货。

2. 辨别真假主板

首先看主板的标配，一般正品主板的标配包括说明书、驱动光盘、两条 SATA 线和挡板，如果不具备这些配置，那就说明是翻新主板。

其次看序列号，要看主板标签上的序列号和主板包装盒上的序列号是否一致，然后看螺丝的痕迹，一般上过螺丝的话都会留下一些痕迹，但要仔细查看才能看出来。

再次看主板的金属部件外观，如果是银色表面，没有被使用就是正品，有使用痕迹就是翻新主板。

最后还要看是否有氧化和焊接痕迹，如果是旧的主板，就会有氧化的痕迹。虽然一些加工厂会使用工业醋酸清洗，但也会闻到一些酸酸的味道。由于主板 PCB 上面的焊点比较多，很多翻新商家都会通过焊接来修复主板，如果出现了这些情况，那么就说明主板是翻新的。

3. 辨别真假内存条

以金士顿内存为例，有两种方法可以现场查询真伪，一种是短信查询，另一种是拨打 400/800 正品维权热线查询。

任务实践

1. 列出三星 S24C750P 液晶显示器的基本参数。
2. 列出航嘉冷静王蓝钻版电源的基本参数。
3. 某块 Intel CPU 标识为 Intel Core i7 7700，i7 表示什么？7700 表示什么？
4. 写出技嘉 AORUS Z270X-Gaming 7 主板支持的 CPU、内存和硬盘类型。
5. 某品牌内存标签标识为 DDR4-8G-2133MHz，分别写出 DDR4 表示什么？8G 表示什么？2133MHz 表示什么？
6. 列出华硕 GTX 1060-O3G-LOL 显卡的显示芯片、核心频率、显存频率、显存容量、显存位宽。

3 Chapter

项目 3
DIY 计算机

任务 1　计算机的选购

　　一台个人计算机由机箱、显卡、主板、CPU、CPU 风扇、内存、硬盘、电源、显示器、键盘、鼠标等元件组成。此外，如果需要无线上网，还可以买一个 PCI 或 USB 接口的无线网卡。

【任务准备】

　　个人计算机配置方案。

【任务过程】

　　（1）主板的选购

　　主板选购，首先确定品牌。华硕、技嘉、微星是三个较为知名的品牌，质量较有保障，但也要结合个人的爱好和用途选择主板厂商和型号。

　　（2）CPU 的选购

　　CPU 只有 AMD 和 Intel 两个品牌可选，可结合主板和自己的用途选择具体品牌和型号。如果选购 Intel CPU，建议选择 i5 及以上型号；如果选购 AMD CPU，建议选购羿龙 II 及以上型号。

　　（3）CPU 风扇的选购

　　CPU 风扇工作比较稳定，散热性能好的有九州风神、酷冷至尊、红海至尊版（8cm）、东海静音版（9cm）、波斯湾（12cm）等。风扇的选购其实没有什么特别的要求，只要选购一款散热效果好的风扇或者散热器就可以了。

　　（4）显卡的选购

　　一款好的显卡无疑会让计算机如虎添翼，让计算机的整体性能大大提升。AMD、华硕、蓝宝石、七彩虹、影驰等品牌的显卡不论是玩游戏还是看电影效果都很理想。

　　（5）内存的选购

　　内存的选购无非就是选择 4GB 或者 8GB 容量的内存，现在很多主板都配有 4 个内存条插槽，所以不用担心内存插槽不足的问题。金士顿、威刚、金邦、海盗船等几款内存都不错，强烈推荐金士顿的内存条。

　　（6）硬盘的选购

　　硬盘的选购随自己的情况而定，一般机械硬盘 500GB~1TB 基本都能满足需求，不过现在的机械硬盘基本都是选购 1TB 的大容量硬盘。推荐品牌有希捷、西部数据。值得一提的是，近年来固态硬盘开始普及，其读取速度是传统机械硬盘的数倍，有效解决了计算机硬件的瓶颈问题。在选购固态硬盘的时候，如今入门级一般选购 120GB，主流选购 240GB，这个容量版本可以兼顾基本够用与良好的性价比。容量再大一些的固态硬盘比较贵，目前不太推荐。

　　（7）电源的选购

　　电源就像是一个部队的后勤一样，一个好的电源会使整台机箱运转很流畅。推荐航嘉、长城、TT、酷冷等品牌。

　　（8）机箱的选购

　　好的机箱会使机箱内部的硬件减少灰尘的进入，增加硬件的使用寿命，并且能够很好地把计算机硬件产生的热量散发出去，使系统运行更稳定，外观的好看与否也决定着计算机的整体效果，好的机箱还能起到装饰的作用。具体怎么选购就要看自己的审美了。

（9）显示器的选购

各个品牌显示器基本都一样，主要看个人爱好，目前主流的显示器尺寸为 23 寸左右的大屏，品牌主要有三星、惠普、AOC、LG 等。

（10）键盘的选购

一个好的键盘是一个计算机必备的元件，好的键盘会增加使用的舒适程度。如果玩游戏用，推荐机械风暴和技嘉两款游戏专用键盘。

（11）鼠标的选购

鼠标是计算机必不可少的元件，推荐几款专业的游戏鼠标——蝰蛇、狂蛇，手大推荐蝰蛇、手小推荐狂蛇，这两款鼠标从使用寿命和舒适程度来说，无疑是最符合游戏玩家的。

【任务小结】

本任务主要介绍如何选购适合自己的计算机元件，为自己动手组装做准备。

任务 2　计算机 DIY 流程与工具准备

组装计算机跟做其他事情一样，也有既定的流程。因此，除了拟采购硬件的各项须知之外，还需要对组装流程和工具有所了解，才能确保计算机组装后正常运行。

【任务准备】

- 计算机配件与零件；
- 计算机组装工具：一字形螺丝刀、十字形螺丝刀、钳子、硅脂、防静电手套。

【任务过程】

1. 确认计算机配件与零件

为确保组装过程顺利进行，在动手组装计算机前，最好先了解一些计算机的基本知识，如硬件构成、日常使用维护知识、常见故障处理，操作系统和软件的安装方法等，然后再检查安装零件是否完整。尽管有时只是少了一根铜柱，也有可能导致无法完成整台计算机的组装。

2. 安装各种计算机元件

一般安装流程为：先从主板上安装 CPU 开始，具体的组装流程如图 1.3.1 所示。

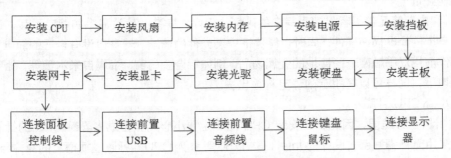

图1.3.1　计算机组装流程

3. 组装工具准备

装机时，需要准备螺丝刀、尖嘴钳、防静电手套、一字形螺丝刀和十字形螺丝刀。螺丝刀最好选择头部带有磁性的，这样比较方便安装。计算机中大部分部件都需要用螺丝刀固定，个别不易插拔的设备可用尖嘴钳固定。工具如图 1.3.2 所示。

图1.3.2　工具

【任务小结】

本任务首先学习了计算机的组装流程，然后介绍了装机需要准备哪些常用工具。

任务 3　安装 Intel CPU 与散热风扇

初次组装计算机时，用户往往会先将主板安装在机箱内，然后再安装 CPU 风扇及内存等，这种安装方式容易因机箱内部狭窄，影响到后续 CPU 和风扇的安装。若想在装机时更加顺手，建议先将 CPU 及风扇等元件安装到主板上，然后再一次性放入机箱内。

【任务准备】

- 支持 Intel CPU 主板一块；
- Intel CPU 一块；
- Intel CPU 原装风扇一个。

【任务过程】

1. 安装 CPU 注意事项

CPU 是极为精密的电子元件，在安装前，需注意以下几点：

（1）防止静电

CPU 和内存等元件很容易遭受静电的破坏，因此，安装时建议戴上防静电手套，这样不仅可以防止身上的静电损伤硬件，同时也能保证安装元件的清洁。若身边没有合适的静电手套，也可以在操作前用双手触碰一些接地的金属物品，例如铝合金门窗、金属自来水管等，让电流透过金属进入地下，同样可以将手上的静电释放出去。

（2）小心 CPU 针脚

CPU 针脚十分脆弱，因此，在安装 CPU 时一定要小心别弄歪或者弄断 CPU 的针脚。如果购买的是采用无针脚触点式设计的 Intel LGA1150 等系列 CPU，可通过插槽上的簧片与 CPU 进行连接与密合处理，安装非常便利。

（3）正确的安装方位

无论是 Intel 还是 AMD 的 CPU，为了避免安装时出现方向弄错的情况，都在 CPU 插槽上进行了防呆设计来限定正确的安装方向，如图 1.3.3 所示。如果没有确认 CPU 的正确摆放，就盲目且粗鲁地将 CPU 安装在插槽上，很容易造成针脚变形或折损。

图1.3.3　CPU对应插槽安装位置

2. 安装 CPU

在了解了安装 CPU 的注意事项后，接下来以安装 Intel CPU 为例进行介绍。

第一步：首先消除身上静电，然后将主板轻轻放在包装盒上，取出 CPU（确保手指不要接触到 CPU 的针脚），准备安装 CPU。

第二步：打开 CPU 插槽上的金属框。首先在主板上将 CPU 插槽的拉杆轻微朝外压，接着再向上拉开拉杆，然后向上掀开 CPU 固定器。有些新主板的 CPU 插槽上会带有防压设计，只有在安装前才能将此设计掀开，以避免有灰尘或异物掉入插槽，如图 1.3.4 所示。

图1.3.4　打开CPU保护盖

第三步：Intel CPU 采用金三角和两侧的凹凸防呆设计，可以确保安装时方向正确。在主板上厂商一般会设计两个突起与之对应，在确认 CPU 金三角及两侧的凹凸槽对应无误后，小心地放下 CPU，让 CPU 完整嵌入插槽，如图 1.3.5 所示。

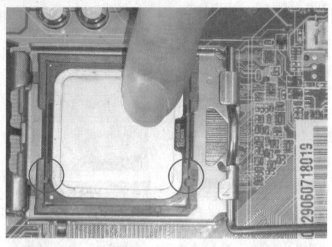

图 1.3.5　安装 Intel CPU

第四步：确认 CPU 被正确放入插槽后，食指将拉杆压到初始位置，然后涂上散热膏，再合上固定器，如图 1.3.6 所示。

图 1.3.6　CPU 安装完成

3. 安装风扇注意事项

风扇主要是将 CPU 产生的热量排走，安装时，除了注意散热风扇与 CPU 是否紧密结合外，还需要在两者之间均匀涂抹散热膏，并留意是否有通畅的散热路径。散热膏由特殊化学材料制成，用于 CPU 与风扇间的热量传递，若没有涂抹或涂抹方法不正确都会影响到散热的效果。

4. 安装散热风扇

CPU 是计算机发热量最大的元件之一，为了避免因高温造成其运行不稳定，必须给其加装散热风扇。接下来将介绍 Intel 原装风扇的安装流程。

第一步：取出风扇，将风扇四个角对准 CPU 插槽周围的四个孔位，并确保风扇的安装方向正确，如图 1.3.7 所示。

第二步：将风扇固定到主板上，然后将风扇电源连接至主板。通常风扇电源插槽位于 CPU 插槽的附近，如图 1.3.8 所示。最后将风扇电源线按正确的方向插入到主板的电源插槽上。

图1.3.7　安装风扇

图1.3.8　安装Intel CPU风扇

【任务小结】

本任务学习了 CPU 安装时的对应方法，如安装 Intel LG1150 CPU，要求其金三角与主板的三角形标志对应。

总之，对于 CPU 的安装而言，无论其安装特征如何，一个原则就是：CPU 需要平稳、轻松地安装到插槽上，并且完全与 CPU 插槽接触。否则，可能导致 CPU 安装不正常。

CPU 风扇一定要安装。早期的 CPU 由于其发热量较低，仅需使用散热片就可实现对 CPU 进行降温。现有的 CPU 发热量较高，因此，在 CPU 的散热片上均附加有风扇，且要求风扇接在规定的插槽上。

CPU 风扇电源插槽不仅为 CPU 风扇提供电源，同时监控了 CPU 风扇的转速。如果 CPU 风扇转速过低甚至不转，为了保护 CPU，主板或系统软件将提供报警功能并使计算机自动关机。所以，如果 CPU 风扇插槽插错，将导致 BIOS 检查不到 CPU 风扇转速而报警，或导致计算机不能正常启动。

最新的技术不仅能监控 CPU 的风扇转速，而且能调节 CPU 风扇转速。如果 CPU 发热量较大或环境温度升高，CPU 风扇会自动加大转速，反之则会降低风扇转速，这样有利于降低计算机因风扇转速过快而产生的噪声，同时较低的转速也在一定程度上延长了风扇的使用寿命。

任务 4　安装 AMD CPU 与散热风扇

AMD CPU 与 Intel CPU 的安装过程大致相同，但在安装前，请先确认主板是否为 AMD CPU 支持的型号，并注意区分两者 CPU 插槽设计上的差异。

【任务准备】

- 支持 AMD CPU 主板一块；
- AMD CPU 一块；
- 原装 AMD 风扇一个。

【任务过程】

1. 安装 AMD CPU

第一步：首先是拉起压杆，拉到与主板呈现 90°角的位置，如图 1.3.9 所示。

第二步：找到 CPU 上的金三角，并与主板处理器卡槽边缘的三角对齐，然后将 CPU 放入到 CPU 插槽中，如图 1.3.10 所示。

第三步：将 CPU 安装在主板中之后，同样的将压杆复位，固定好 CPU，如图 1.3.11 所示。

图1.3.9 拉起压杆　　　　图1.3.10 安装AMD CPU　　　　图1.3.11 AMD CPU安装完成

2. 安装散热风扇

同 Intel 产品一样，AMD 公司也有自己生产的原装风扇，下面介绍其安装方法。

第一步：AMD 风扇采用主、次两个卡扣，一般先安装次卡扣，然后将主卡扣固定在固定座上，如图 1.3.12 所示。

第二步：在 CPU 插槽上先将风扇一侧的次卡扣卡住，如图 1.3.13 所示。

图1.3.12 AMD CPU风扇　　　　图1.3.13 安装AMD风扇

第三步：最后将主卡扣安装在固定座上，朝相反的方向扳动，扣紧为止，如图 1.3.14 所示。

图1.3.14 固定AMD风扇

第四步：连接 AMD 风扇电源。AMD 风扇电源的连接方法跟 Intel 风扇一样，只需找到主板上的电源插槽插入即可。

【任务小结】

本任务学习了 AMD CPU 和风扇的安装。现在的主流 AMD 处理器上都会有一个醒目的金三角，用户安装 AMD 处理器时利用这个小小的金三角与主板处理器卡槽边缘的三角对齐，就可以确保处理器针脚与插槽触点一一对应。

任务 5 安装内存

安装内存应做到准和稳，"准"是指安装时要对准内存与插槽间的凹凸位置，而"稳"则是指内存安装要稳固，并且确认安全卡已扳回原位。

【任务准备】

- DDR4 内存一条；
- 支持 DDR4 内存的主板一块。

【任务过程】

1. 安装内存注意事项

内存安装前需要注意以下几点：

（1）防静电

内存上遍布大大小小的金属接触点，比 CPU 更容易受到静电影响，因此应参照安装 CPU 的方法消除静电。

（2）检查防呆设计

不同类型的内存采用的防呆设计技术不同，因此彼此间是不能通用的。如目前主流的 DDR3 和 DDR4 内存的缺口位置是不同的，安装时一定要注意。

2. 安装内存

第一步：在安装之前，先扳开插槽两边的固定扣，如图 1.3.15 所示。

第二步：将内存金手指上的缺口对准插槽上凸起处，然后稍用力往下压，当听到"咔"的一声时，说明已经安装成功，如图 1.3.16 所示。

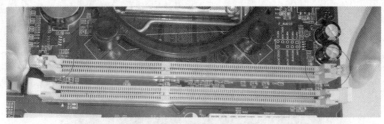

图1.3.15　扳开插槽固定扣

图1.3.16　内存安装成功

【任务小结】

本任务学习了安装内存的注意事项和操作流程与规范。安装内存时，内存缺口的位置与内存插槽的位置要相对应才能将内存完全插入。如果缺口没有对准，用力插入内存可能会损坏主板。

内存安装完成后可以平视安装好的内存，观察内存的金手指部分是否完全插入插槽中，尤其要避免金手指在内存条插槽中一边高一边低。如果存在一边高一边低的情况，就说明没有正确插入或是安装方向不正确。

安装完成后一定要注意扣上内存两边的锁扣，如果不能完全按下锁扣，则说明内存安装不正常。

任务6　拆机箱

机箱是主机内各元件的"盔甲"，形同各项硬件的安全保障，目前大多数机箱采用在侧面进行拆装的设计。

【任务准备】

- ATX 机箱一个；
- I/O 挡板一块；
- 固定主板铜柱若干。

【任务过程】

1. 拆机箱注意事项

购买机箱时，首先应查看是否有前置面板控制线、固定主板的铜柱，以及固定其他设备的各种螺丝等。

2. 拆机箱流程

第一步：拆下机箱侧板。安装计算机的内部装置前，先要拆开机箱一侧活动的机箱盖。一般活动一侧的机箱盖有2~3颗用于固定侧板的螺丝，将螺丝拧下，如图1.3.17所示。

第二步：拧下螺丝后，用手将侧板向后轻推，当侧板脱离后，即可拆下，如图1.3.18所示。

图1.3.17　拆机箱螺丝　　　　　　　　　　图1.3.18　打开机箱侧板

第三步：根据主板的大小及孔位，固定铜柱，如图1.3.19所示。

第四步：安装I/O背板。背板安装在I/O连接的地方，如图1.3.20所示。由于机箱自带的背板与主板的外设接口有所差异，所以请安装主板内自带的I/O背板。先在机箱内部固定I/O背板的一端，然后由内向外施力，使背板与机箱插槽完全吻合。

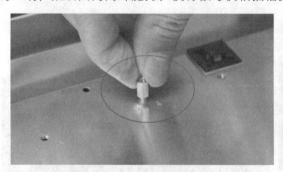 

图1.3.19　固定铜柱　　　　　　　　　　图1.3.20　安装I/O背板

【任务小结】

本任务主要学习如何拆机箱和安装I/O接口背板。机箱作为微型计算机的保护部件，其结构大体相当。安装时需注意识别各位置适合安装的部件，尤其是固定主板用的铜柱的安装位置一定要与主板安装孔位相对应。

任务7　安装主板

在开始安装之前，先准备好螺丝、十字形螺丝刀、尖嘴钳等工具，然后按照下面的步骤进行安装。

【任务准备】

- ATX主板；
- 固定主板螺丝；

- 十字形螺丝刀。

【任务过程】

1. 安装主板注意事项

主板是计算机中最为脆弱的硬件之一，稍有不慎，很容易造成某些元件损坏，甚至整个主板报废。因此，安装主板时必须谨慎，并注意以下几点。

① 在接触主板前，要确保双手干燥、无静电、带上防静电手套，以免造成短路，烧毁主板。

② 应先对准主板 I/O 背板与主板外设接口，然后固定螺丝，避免出现因位置不正确而造成接口无法使用的情况。

③ 必须精确固定主板上的螺丝，主板上一般会有 5~6 个固定铜柱的孔，其位置与机箱上放置铜柱的位置吻合。

2. 安装主机板

第一步：将主板放入机箱对应位置。放入主板时，应注意将主板悬空放置在机箱安装位置的凹槽上，凹槽是为了保留主板与机箱的空间，使机箱有电流通过时不至于让主板短路，如图 1.3.21 所示。

第二步：用螺丝固定好主板，避免主板产生松动，如图 1.3.22 所示。

图1.3.21　安装主板

图1.3.22　固定主板

【任务小结】

本任务学习了主板的安装和安装过程中的注意事项。主板安装完成后要检查主板是否平整、主板下面是否有异物，尤其是金属物体，如多余的螺丝等。一是金属物体容易让主板不平整，时间长了主板由于受力不均会导致接触不好；二是金属物体容易使主板发生短路而烧坏。

任务 8　安装硬盘

硬盘是计算机最主要的存储设备，其安装简易，按照安装说明书和硬盘安装规范安装即可。

【任务准备】

- 3.5 英寸 SATA 接口硬盘一块；
- 固态硬盘一块；

- 固定硬盘专用螺丝若干；
- 硬盘数据线多根。

【任务过程】

1. 安装硬盘注意事项

硬盘是计算机中主要的存储设备，其稳定与否将影响系统的正常工作。安装硬盘时应注意以下几点。

（1）勿摔落或摇动硬盘

由于硬盘内部有相当多精密而脆弱的元件，因此应避免摔落或摇动硬盘，且在安装时须小心谨慎，避免碰撞、摇晃等。

（2）确定安装位置

机箱中一般都会有多个硬盘安装位置，两个安装位置之间有金属片相隔。若没有确定安装位置，切忌急于安装，以免金属片刮伤硬盘。

2. 安装机械硬盘

目前市场上的主流机械硬盘为 SATA3，下面以 SATA3 接口硬盘为例，介绍硬盘的安装。

第一步：从包装中取出硬盘，然后调整方向并对准硬盘安装位置，将硬盘放入插槽中，如图 1.3.23 所示。

图1.3.23　安装硬盘

第二步：对准硬盘上的螺丝孔后，固定螺丝，如图 1.3.24 所示。

图1.3.24　固定硬盘

第三步：连接 SATA 接口数据线，数据线的一端连接到主板，另一端连接到硬盘，如图 1.3.25 所示。

图1.3.25 连接数据线

3. 安装固态硬盘

固态硬盘的接口也是 SATA 接口，所以安装方法跟安装机械硬盘一样，只不过有些机箱内没有 2.5 寸的插槽，所以安装时务必把螺丝拧紧。如果有固定硬盘的托盘，那么用托盘将硬盘固定在机箱内即可，如图 1.3.26 所示。

图1.3.26 安装固态硬盘

【任务小结】

本任务主要学习了机械硬盘和固态硬盘的安装，以及硬盘安装的注意事项。安装过程中应注意不同设备固定螺丝的差异。通常来讲，主板、光驱是用细纹的螺丝固定，而硬盘是用粗纹的螺丝固定。螺丝选择错误，轻则使螺丝拧不上去，重则拧坏螺丝或螺丝孔，或强行拧上去了不容易拧下来。同时，用途不一样，螺丝的长度也不一样，太短的螺丝会使部件固定不牢，时间一久可能出现松动而使部件接触不良。

任务 9 安装电源

计算机的稳定依赖于充足的电力来源，而要有稳定的电源供给，就至少要有一个品质好的电源。

【任务准备】

- ATX 电源一个；
- 固定电源螺丝若干。

【任务过程】

1. 安装电源注意事项

（1）电源的外形大小选择：大机箱用大电源，小机箱用小电源。

（2）电源的功率：电源功率有最大功率和额定功率，一定要选择额定功率与计算机硬件功率之和相匹配的电源。

（3）电源的接口一定要与板卡所有硬件的接口相匹配，以及电源各路输出接口够用。

（4）尽量选择大品牌的电源，质量更加可靠。

2. 安装电源

安装电源一要摆放位置正确，二要将螺丝拧紧。

第一步：为了方便安装，首先将机箱平放在宽敞的桌子或平台上，然后将电源平稳移动到机箱对应安装位置，如图 1.3.27 所示。

第二步：将四个角的螺孔对齐，固定螺丝即可，如图 1.3.28 所示。

图1.3.27 安装电源　　　　　　　　　　　图1.3.28 固定电源

【任务小结】

本任务学习了 ATX 电源的规范安装和注意事项。

任务 10 安装独立显卡

显示器是计算机正常显示图形图像和文字的主要设备，安装显卡时应认真阅读安装说明书和掌握操作规范，确保显卡的正确安装和正常发挥作用。

【任务准备】

- PCI-E 接口的独立显卡一块；
- 固定显卡螺丝若干。

【任务过程】

1. 安装独立显卡注意事项

（1）安装独立显卡时，首先将机箱后方的挡板移除。由于挡板边缘比较锋利，建议不要徒手移除，最好戴上手套或使用尖嘴钳夹住挡板，左右摇晃，即可取下。

（2）显卡风扇不可被挡住。由于不同主板上的显卡插槽位置略有不同，且一般独立显卡风扇较大，有可能与其他硬件发生碰撞。建议安装前先把显卡置于插槽上方，比对安装位置是否合适，以确保显卡风扇正常运转。

2. 安装 PCI-E 显卡

首先在主板上找到安装显卡的 PCI-E 插槽，然后将显卡插槽后面的卡扣扳开，将显卡竖直对准插槽，用力将其压入插槽中，确认显卡插入无误后，用螺丝刀将显卡固定在机箱内，如图 1.3.29 所示。

图1.3.29　安装显卡

【任务小结】

本任务学习了独立显卡的规范安装和注意事项。

任务 11　机箱前置面板线和主机板电源线连接

机箱信号灯是使用者直接观察计算机工作状态的最佳途径，这些信号灯及连接线在购买机箱时都会提供。

【任务准备】

- 主板控制线 Power-SW、Power SW-LED、RESET-SW、HDD-LED；
- 机箱前置 USB 线、Audio 音频线。

【任务过程】

1. 安装机箱前置面板线

将信号线连接到主板后，通过信号灯的闪烁等状态即可反映计算机硬件的工作情况。机箱信号线的安装并不复杂，但很容易插错位置，因此应留意信号线的安装位置。

（1）安装前的注意事项

首先认清 Power-SW（电源开关）、Power SW-LED（电源指示灯）、RESET-SW（复位开关）、HDD-LED（硬盘指示灯）、USB（前置 USB）、Audio（前置音频）信号线，如图 1.3.30 所示。安装信号线时，请注意它们的正极方向，正极通常会在主板接口以"+"或"Pin1"注明，红、绿、紫等颜色信号线代表正极，白色和黑色信号线则代表负极。

图1.3.30　机箱前置面板控制线

（2）安装机箱信号线

机箱信号线的安装比较简单，只需直接插入主板对应的插槽上即可。但由于机箱空间小、操作不便，很容易将信号线插错孔位，因此安装时切记要小心谨慎，可以参考主板说明书。

第一步：在机箱中安装信号线时，首先安装四组信号线，将其插入至主板对应的插槽上，如图 1.3.31 所示。

第二步：连接前置 USB 和音频，由于这两种信号线均采用了防呆设计，所以在插入主板时，直接插入对应插槽即可，不必担心发生插反的情况，如图 1.3.32 所示。

图1.3.31　连接机箱控制线

图1.3.32　连接前置USB和音频线

2. 安装主机板电源线

主板上连接了许多不同的硬件设备，而这些硬件采用的电源线略有差异，因此，在安装时，应仔细辨认各种不同接口的电源线，再依次将其插入到指定的插槽中。

（1）安装前的注意事项

分别给主板、硬盘、CPU 提供了不同接口的电源线，安装前应先确认主板电源线接口为24-Pin 设计，CPU 提供电源线接口一般为 4-Pin，SATA 为黑色扁平接口。

（2）安装主板电源线

通常主板电源线插槽采用双排 24-Pin 设计，位于内存插槽斜下方位置，如图 1.3.33 所示，只要将电源线接头插入即可。

图1.3.33　安装主板电源

（3）安装硬盘电源线

目前主流硬盘都是 SATA 接口，因此给硬盘供电也采用 SATA 电源线，如图 1.3.34 所示。

图1.3.34　安装硬盘电源

【任务小结】

本任务学习了主板控制线 Power–SW、Power SW–LED、RESET–SW、HDD–LED 和前置 USB 线、前置音频线、主板电源、硬盘电源等的规范连接，以及注意事项。

任务 12　安装机箱盖、鼠标和键盘

机箱内部设备安装完成后，要装好机箱盖，并用螺丝固定，这样计算机才组装完成。

【任务准备】

- ATX 机箱盖及固定螺丝；
- PS/2 鼠标和键盘。

【任务过程】

1. 安装机箱侧板注意事项

在安装机箱侧板时要注意以下两点，才能确保安装安全顺利地进行。

（1）尖角锐利勿伤手

由于机箱的品质参差不齐，有些侧板的尖角非常锐利，稍有不慎很容易伤手，所以在安装过程中建议戴手套。

（2）机箱隐藏固定孔

现在大多数机箱设计有隐藏固定孔，而机箱盖侧板固定扣则正好与其对应，这样可以防止安装偏离了机箱，能有效固定侧板位置，如图 1.3.35 所示。

2. 安装机箱盖和侧板

由于机箱两侧的侧板安装方式相同，下面只介绍单侧板的安装过程。

第一步：安装侧板前，找到机箱后方的隐藏固定孔，对准侧板与机箱凹凸位置后放下侧板。

第二步：用一只手轻轻压住侧板，然后用另一只手将侧板往里推，直到侧板与机箱完全吻合，如图 1.3.36 所示。

图1.3.35 机箱隐藏固定孔

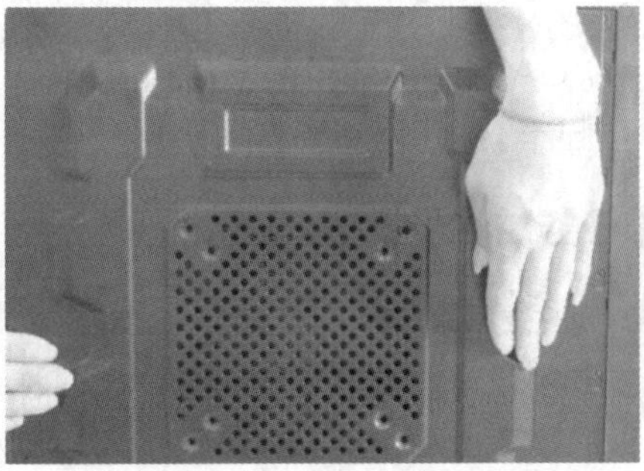

图1.3.36 安装机箱侧板

第三步：用螺丝固定侧板，如图 1.3.37 所示。

图1.3.37 固定机箱盖

第四步：安装 PS/2 接口的键盘和鼠标。现在的键盘和鼠标接口都是按照 PC99 规范生产的，即是有颜色区分的。因此，在安装 PS/2 键盘和鼠标时，只需要将键盘的接口（紫色）与主板的接口（紫色），鼠标的接口（绿色）与主板的接口（绿色）按方向插入即可。目前主流主板只有一个接口，可以接键盘，也可以接鼠标，如图 1.3.38 所示。

图1.3.38 安装PS/2鼠标和键盘

【任务小结】

本任务主要学习了机箱侧盖、PS/2 键盘和鼠标的规范安装和注意事项。

任务 13 连接显示器到主板

显示器是计算机的主要输出设备，而信号线的连接正确与否，将直接影响到屏幕上显示的情况，因此正确连接显示器信号线非常重要。

【任务准备】

- 液晶显示器一台；
- VGA 显示器信号线一根；
- 显卡转接口一个。

【任务过程】

1. 注意事项

显卡接口常用的有 VGA 和 DVI 两种，而信号线接口普遍为 VGA 接口。因此，安装中要注意显卡的接口是哪种类型，如果显卡为 DVI 接口，就需要一个转接口，有了转接口才能连接显示器的信号线，如图 1.3.39 所示。

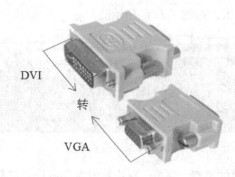

图1.3.39　DVI转VGA接口

2. 连接显示器到主机板

不管是 VGA 接口，还是 DVI 接口，它们的信号线安装过程都是一样的。下面以 VGA 接口为例，介绍信号线的安装过程。

第一步：取出信号线，然后按防呆设计的方向将信号线的 VGA 接口插入显示器背部的 VGA 接口。VGA 信号线的针孔排列是有方向性的，从外观上看是呈梯形的防呆设计。如果感觉安装上有困难，切不要强行插入，应抽出，认真对比后再插入显示器接口上，最后拧紧信号线接口两边的螺丝，如图 1.3.40 所示。

第二步：将 VGA 连接口平行插入显卡的插槽内，然后同样拧紧信号线接口两边的螺丝，如图 1.3.41 所示。

图1.3.40　显示器连接信号线

图1.3.41　显卡连接信号线

【任务小结】

本任务学习了连接主板与显示器的视频信号线，以及 DVI 接口转 VGA 接口的连接方法。

任务 14　USB 键盘和鼠标的安装

USB 装置拥有即插即拔的特点，被输入/输出装置设备广泛应用。本任务介绍 USB 接口鼠标和键盘的安装过程。

【任务准备】

- USB 接口鼠标；
- USB 键盘。

【任务过程】

1. 注意事项

USB 接口的发展经历了 1.0、2.0 和 3.0 时代。目前主流主板上有 4~6 个 USB 接口，其中黑色接口为 2.0，蓝色接口为 3.0，通常用来连接 3.0 接口的 U 盘或移动硬盘。因此，安装鼠标和键盘时，应连接 USB2.0 接口。

2. 连接键盘和鼠标

将带有 USB 接口的鼠标或键盘接头直接插入到机箱后面的 USB 接口。USB 接口一侧有方形凹入的防呆设计，对准后即可放心插入，如图 1.3.42 所示。

图1.3.42　连接USB鼠标

【任务小结】

本任务主要学习了 USB 接口键盘和鼠标的安装方法和规范。

任务 15　连接机箱与显示器电源线

所有硬件及周边的设备安装完成后，接下来就是连接主机与显示器的电源线。主机和显示器电源线的连接方法一样，只是两者位置不同而已。连接好电源线后，即可以通电进行开机测试。

【任务准备】

两根 D 型三芯电源线。

【任务过程】

1. 连接电源线

主机与显示器电源线采用同一种梯形电源线，对准接口插入即可，如图 1.3.43 所示。

图1.3.43　连接主机与显示器电源线

2. 开机测试及问题排除

硬件安装和连接完毕后，接下来就可以准备安装操作系统。为了进一步确保硬件安装和连接的正确，在安装前，可以先进行开机测试。这种开机对硬件检测的流程，通常称为 POST。

POST 能够检测出硬件装置是否处于正常工作状态，对于刚刚组装的计算机务必先进行一次POST 检测。

按下开机按钮并启动计算机，查看显示器是否能正常显示开机画面，如图 1.3.44 所示。如果能正常显示开机画面，就可以通过开机画面检查硬件是否正常工作，如硬盘、光驱等。

图1.3.44　开机画面

【任务小结】

本任务主要学习了机箱和显示器电源的连接方法，以及通电测试的方法和开机画面信息的识读。

任务拓展——相关知识

1. 硬件选购原则

计算机各部件可供选择太多，在选购时不能简单地只以价格高低作为产品好坏的评判依据，必须要根据自己的用途、预算以及今后的发展空间全面考虑。所以"只选对的，不选贵的"这一原则对计算机部件的选购非常适合。通常来讲，微型计算机的选购可以依据下面三个原则。

原则一：确定配置、使用至上。

在购买计算机，特别是购买组装计算机时，应该根据自己的实际需要和用途，将自己要装配的计算机配置先定下来。原则是以使用为主，不可追求高配置，因为过不了多长时间，那些高档的产品均会降价，可以等到价格降了，而且被大家认可了，成为主流了再买。

原则二：关注行情。

在购买计算机时尽量避开节假日，因为这个时候是购买的高峰时间，所以价格会比平时高，而且各种配件都有个定期调价，隔不了多久就会降价很多，所以只要把握好行情，就可以掌握好出手的机会。

原则三：选择配件集中。

决定购机时，先在市场上到处看看实时的行情，按照自己原定的配置询问价格，当价位差不多时，选择一家好的装机店或者是有实力的大公司，将所有的配件一次性在那里买齐。这样的好处是：如果万一出了问题可以找这家公司，很容易解决，同时因为部件在一家公司购买可以获得比较大的优惠。再就是购机时的说明书、发票、收据等一定要保存好，以免日后出现不必要的麻烦。

2. 计算机硬件选购的错误观念

选购过程中，最忌讳出现以下的错误观念：

一步到位的观念：计算机技术日新月异、一日千里地飞速发展着，买计算机想一步到位，简直是"天方夜谭"。一些用户，总想要最先进的、最高档的，且不知今天的先进技术出不了一年半载就成了落后的技术；今天的落后技术同样也是昨天的先进技术。

计算机贬值快，等等再买更划算：虽然计算机贬值快，晚一些买可能买到性能更好、价格更低的机器，但是由于计算机技术的飞速发展，低价和高价只是相对的。所以用户在选购计算机时首先不要追着市场热点跑，其次也不要一等再等，因为永远不会等到最低价。

重价格、轻品牌的观念：一些人在选购家用机时过分地看重价格因素而忽视产品的品牌。选购计算机部件时必须选择知名品牌的产品，尽管价格上贵一些，但无论是产品的技术、品质、性能，还是售后服务都有保证。一些杂牌产品为了降低产品的成本，使用劣质配件往往造成产品不稳定，致使工作受到影响。

重配置、轻品质的观念：多数购买组装计算机的用户对计算机都有一定的认识。商家的广告成了一些人的选购标准，多数用户只关心诸如 CPU 的档次、内存的容量、硬盘的大小等硬件的指标，对于一台计算机的综合性能却很少问津。CPU 的档次、内存的容量、硬盘的大小只是表面的东西，计算机配件除了 CPU 外，其余配件由几十个品牌、数百个型号组成，一台性能卓越的计算机是各种优质配件整合（当然还有兼容性问题）的产品，即使是专业人士也不可能通过几个简单的规格型号就能判断机器性能的优劣。所以，多看品牌的市场口碑，了解专业的网站、杂志、报刊、论坛上面的知识，有利于自己做出正确的选择。

重硬件、轻服务的观念：用户选购计算机，售后服务问题应该放到重要位置来考虑。计算机的综合性能是集硬件、软件和服务于一体的，服务在无形地影响着计算机的性能。在购机前，一定要问清售后服务条款，然后再决定购买与否。虽然现在计算机售后服务有"三包"约束，但是厂家的售后服务各有特色、良莠不齐，更有一些杂牌计算机生产厂商，因为规模小，售后服务很差，甚至可能很快被市场淘汰，当遇到故障时，寻求售后服务就会变得非常麻烦。

3．双通道内存的安装要求

主板内存插槽的颜色和布局一般都有区分。如果是 Intel 的 i865 和 i875 系列，主板一般有 4 个 DIMM 插槽，每两根一组，每组颜色一般不一样，每一个组代表一个内存通道，只有当两组通道上都同时安装了内存条时，才能使内存工作在双通道模式下。另外要注意对称安装，即第一个通道第一个插槽搭配第二个通道第一个插槽，依此类推。用户只要按不同的颜色搭配，对号入座地安装即可。如果在相同颜色的插槽上安装内存条，则只能工作在单通道模式。而 nForce2 系列主板同样有两个 64bit 的内存控制器，其中 A 控制器只支持一根内存插槽，B 控制器则支持两根。A、B 控制器之间有一段距离，以方便用户识别。A 控制器的内存插槽在颜色上也可能与 B 控制器的两个内存插槽不同，用户只要将一个内存条插入独立的内存插槽，而将另外一个插到两个彼此靠近的内存插槽就能组建成双通道模式。此外，如果全部插满内存条，也能建立双通道模式，而且 nForce2 系列主板在组建双通道模式时对内存容量乃至型号都没有严格的要求，使用非常方便。

任务拓展——疑难解析

1．主板电池电量不足导致开机故障

故障现象：一台计算机使用华硕主板，开机后显示器不亮，从光驱和硬盘的启动声音和指示灯可以判断出计算机在不停地反复重启，扬声器发出"嘟嘟"的报警声。

解决办法：首先用排除法，拔掉光驱、硬盘等设备的电源线，再次开机，扬声器还是报警，表明并非它们的问题。再用替换法，将 CPU、内存、显卡换到别的计算机上测试，结果使用正常。于是将目标锁定在主板上，根据分析，怀疑是主板复位键的地方有短路现象，造成了反复重启，通过万用表测量发现没有短路现象。最后将故障定位在主板电池，更换主板电池后重启故障排除。

2．主机前置 USB 连线不兼容造成鼠标不可用

故障现象：鼠标连接在机箱的前置 USB 接口上，在开机后，光电鼠标底部感应灯不亮，进入系统后无法移动光标。

解决办法：将鼠标连接到主机后面的 USB 接口，故障排除。机箱的前置 USB 接口近几年比较流行，但不同厂商的 USB 产品间存在兼容性问题，容易造成产品之间的冲突，从而影响产品的正常使用。

3．频繁死机

故障现象：一台计算机频繁死机，即使进入 BIOS 设置时也会死机。

解决办法：进入 BIOS 时发生死机现象，可初步判断主板或 CPU 有问题。一般是由于 CPU 的缓存问题引起，则进入 BIOS 设置，将 Cache 禁止即可顺利解决问题。如果还不能解决故障，那就只有更换 CPU。在死机后触摸 CPU 周围主板元件，如果发现温度较高，说明是由于主板散

热不良引起，只需更换大功率风扇即可排除死机故障。

4. 电源故障

故障现象：一台计算机开机不能进入系统，但按 Reset 按钮重新启动一次后又能进入系统。

解决办法：首先怀疑是电源坏了，因为计算机在按 Power 按钮接通电源时，首先会向主板发送一个 PG 信号，接着 CPU 会产生一个复位信号开始自检，自检通过后再引导硬盘中的操作系统完成启动过程。而 PG 信号相对于+5V 供电电压有大约 4ms 的延时，要待电压稳定以后再启动计算机。如果 PG 信号延时过短，会造成供电不稳，CPU 不能产生复位信号，导致计算机无法启动。随后重启时提供电压已经稳定，于是计算机启动正常。看来故障源于电源，换一个电源后重新开机测试，故障排除。

5. 电源故障导致硬盘电路板被烧毁

故障现象：一台计算机，在更换硬盘后只使用了约四个月，硬盘电路板就被烧毁了，再换一块新硬盘，不到两个月，硬盘电路板又被烧毁了。

解决方法：因为连换两个硬盘，电路板都被烧毁了，因此不可能是硬盘问题。首先怀疑是主板的问题，打开机箱，仔细观察主板，没发现异常现象，再找来一块使用正常的硬盘，重新启动系统，系统无法识别硬盘。而不接硬盘时启动电源，用万用表测试，发现电源电压输出正常，于是将一块新硬盘接入计算机，开始安装操作系统，安装到一半时，显示器突然黑屏。用万用表检测，发现+5V 电源输出仅为+4.6V，而+12V 电源输出高达+14.8V。立即关机，打开电源外壳，发现上面积满灰尘，清理干净后仔细检查，发现在+5V 电源输出部分的电路中，有一个二极管的一只管脚有虚焊现象，重新补焊之后，换上新硬盘，启动计算机，故障排除。

6. 机箱带电

故障现象：一台计算机机箱带电，一触碰机箱就有被电到的麻刺感。

解决方法：这种故障大多是由电源造成的。仔细检查电源插槽，发现中线与相线位置接反，而且三孔插槽中间的地线没有接地，只需将插槽正确对接后即可排除故障。

7. 内存故障

故障现象：计算机开机后，听到的不是平时"嘀"的一声，而是"嘀嘀嘀……"响个不停，显示器也没有图像显示。

解决方法：很简单，就是取下内存，使用橡皮擦将内存两面的金手指仔细地擦洗干净，再插回内存插槽就可以了。也有可能是内存不兼容造成报警，把内存插到其他主板上，长时间运行稳定可靠；把其他内存插在故障主板上也运行稳定可靠，没有报警出现。但是把二者放在一起，就出现"嘀嘀嘀"的报警声，此类故障只能通过更换内存来解决。

8. CPU 温度上升太快

故障现象：一台计算机在运行时，CPU 温度上升很快，开机才几分钟温度就由 31℃上升到 51℃，然而到了 53℃就稳定下来了，不再上升。

解决方法：一般情况下，CPU 表面温度不能超过 50℃，否则会出现电子迁移现象，从而缩短 CPU 寿命。对于 CPU 来说，53℃已经有点高了，长时间使用易造成系统不稳定和硬件损坏。根据故障现象分析，升温太快、稳定温度太高应该是 CPU 风扇的问题，只需更换一个质量较好的 CPU 风扇即可。

任务实践

1. 利用网络配置一台价格在 4000 元左右的计算机，并填入实训过程记录表中。

2. 在电脑城按上述需求再做一份配置，分析其中的差异；在实训记录表中写出硬件配置单与分析过程。

3. 尝试在电脑城按自己的配置单购置计算机，看商家如何修改，并查明商家修改的原因。

4. 根据实训提供的 CPU，写出 CPU 的主频、电压、缓存等参数。

5. 根据实训提供的内存，写出内存的容量、工作频率、电压等参数。

6. 根据实训提供的硬盘，写出硬盘的容量、转速、缓存、接口类型等参数。

7. 根据实训提供的主板，写出主板支持的 CPU、内存、硬盘、显卡等设备。

8. 根据实训提供的主板，写出主板外部接口有哪些。

9. 根据实训提供的硬件设备，完成整机的安装，并能正常开机。

2 Part

第 2 篇
系统安装与配置

1 Chapter

项目 1
Windows 10 操作系统安装与应用

　　一台仅由硬件构成的计算机是不能工作的，只有在安装了操作系统、硬件驱动程序和应用软件后才能正常发挥作用。本项目结合实际案例，基于工作过程详细介绍 U 盘启动盘的制作、U 盘系统盘的制作、磁盘分区、操作系统与驱动程序安装，以及操作系统的功能应用。

任务 1　USB 操作系统安装盘制作

【任务准备】

- 8GB 及以上容量 U 盘一个；
- GHO 或者 ISO 格式 Windows 10 操作系统源文件一份；
- 计算机 U 盘启动盘制作工具软件。

【任务过程】

1. 下载 U 盘启动盘制作工具软件

常见的 U 盘启动盘制作工具软件有 U 极速、老毛桃、大白菜、电脑店、U 大师、通用 U 盘、U 启动等十余种，用户可根据自己的需要和喜好登录相应的官方网站下载工具。本书以"电脑店装机维护工具套装 7.0 软件"为例，登录官方网站，下载"电脑店装机维护工具套装 7.0"，并保存到计算机本地磁盘。

2. 制作 U 盘启动盘

双击运行下载的"电脑店装机维护工具套装 7.0"软件，进入软件功能选择界面，如图 2.1.1 所示。

图2.1.1　启动盘制作选项

图中第一排四个选项的功能介绍如下。

① U 盘启动：表示制作 U 盘启动盘。

② 本地模式：也就是硬盘模式，将 U 盘启动盘安装在计算机硬盘上，直接在计算机上安装。计算机启动时选择"电脑店本地模式"即可启动电脑店 U 盘启动，从本地硬盘安装系统，如图 2.1.2 所示。

图2.1.2　本地模式

③ 一键重装：本功能专为非计算机专业人士精心设计，只需简单几步操作即可完成系统重装，如图 2.1.3 所示。

图2.1.3　一键重装

④ 备份还原：本功能包含备份和还原两项操作。备份是为了防止计算机数据及应用等因计算机故障而造成的丢失及损坏，从而单独存储的程序或文件副本，分为系统备份、分区备份、磁盘备份、分区表备份。还原是将已经备份的文件还原到备份前的状态，分为系统还原、分区还原、磁盘还原、分区表还原，如图 2.1.4 所示。

图2.1.4　备份还原

本任务是制作 U 盘启动盘，因此选择"U 盘启动"进行 U 盘启动盘制作。

图 2.1.1 中的"选择设备"栏提示"请插入需要制作启动盘的 U 盘"。因此，请将准备好的 U 盘插入到计算机的 USB 接口。插入 U 盘后，系统会自动检测到 U 盘的相关信息，如图 2.1.5 所示。

图2.1.5　系统检测插入U盘

选择启动模式为"USB-HDD"，如图 2.1.6 所示。

图2.1.6　选择启动模式

选择分区格式为"NTFS"，如图 2.1.7 所示。

图2.1.7　选择分区格式

　　单击图 2.1.7 中的"全新制作"按钮，计算机提示"请自行备份该 U 盘的重要数据，以免丢失"，如果已经做好备份，单击"确定"按钮，开始启动盘的制作，如图 2.1.8 所示。

　　提示"恭喜您，启动 U 盘制作成功！"，询问是否要用"电脑模拟器"测试 U 盘的启动情况，如图 2.1.9 所示。

　　单击"是"按钮，进行"启动 U 盘"功能测试。测试过程可能需要几秒钟，当进入图 2.1.10 所示的测试界面时，表示"启动 U 盘"通过模拟测试。

图2.1.8　U盘数据备份提示

图2.1.9　启动U盘制作成功提示

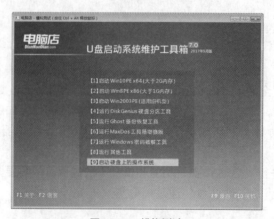

图2.1.10　模拟测试

至此，U 盘启动盘制作完毕。

3. 制作 Windows 10 系统安装盘

将已经下载好的"Windows 10 操作系统安装源文件"复制到制作好的"U 盘启动盘"里，如图 2.1.11 所示。

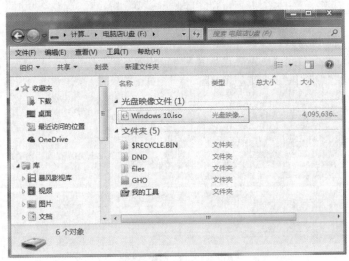

图2.1.11　启动盘中装载Windows 10系统源文件

至此，U 盘系统安装盘制作完毕。

【任务小结】

本任务主要学习了三方面的内容：一是制作 U 盘启动盘、系统安装盘的准备工具和文件，二是 U 盘启动盘的制作及相关参数属性的意义，三是如何在 U 盘启动盘的基础上制作系统安装盘。

任务 2　磁盘分区

【任务准备】

- 一台需要安装操作系统的计算机；
- 一个制作好的 U 盘系统安装盘。

【任务过程】

1. BIOS 中设置 U 盘启动顺序

重新启动计算机，按 Del 键或者 F2 键进入 BIOS 设置，找到 Boot 菜单，将设备启动项设置为"USB-HDD"，然后按 F10 键保存并退出。

【注意】不同厂家生产的主板进入 BIOS 需单击的按键可能不同，通常有 Del、Esc、F2 等，请查阅计算机主板说明书。

2. 硬盘分区

将制作好的"U 盘系统安装盘"插入到计算机 USB 接口，并重新启动计算机，系统将进入操作功能选择界面，如图 2.1.12 所示。

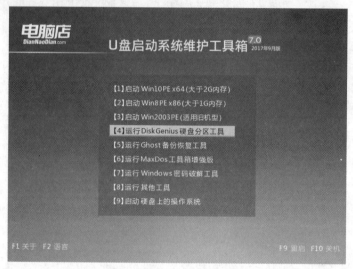

图2.1.12　选择操作功能

一块没有经过分区和格式化的硬盘是无法装载文件的，因此选择图 2.1.12 中的"【4】运行 DiskGenius 硬盘分区工具"，对计算机硬盘进行分区操作，如图 2.1.13 所示。也可以选择"【1】启动 Win10PE×64（大于 2G 内存）"，让计算机加载 Win10PE 系统，进入到 Win10PE 桌面后再选择对硬盘进行分区。如果硬盘已经经过分区，可以直接选择"【1】启动 Win10PE×64（大于 2G 内存）"，加载 Win10PE 系统并进行操作系统安装。

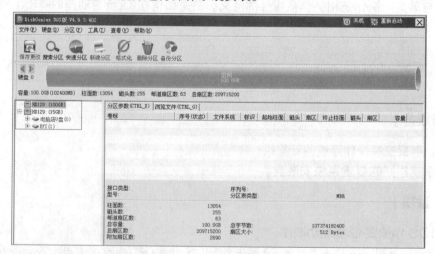

图2.1.13　DiskGenius分区

图 2.1.13 中左侧显示了两个磁盘：其中一个是计算机本身的硬盘，容量为 100GB；另一个是 U 盘系统盘，容量为 15GB。

选择"HD128"磁盘|"分区"|"建立新分区"，进行主分区参数设置，如图 2.1.14 所示。

　　创建主分区：选择"主磁盘分区"，分区类型选择"NTFS"，设置新分区大小为"50GB"，然后单击"确定"按钮，如图 2.1.15 所示，完成"主分区"创建，创建好的分区如图 2.1.16 所示。

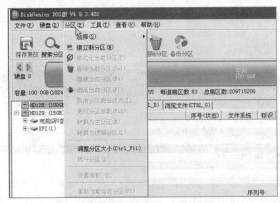

图2.1.14　新建分区

图2.1.15　主分区参数设置

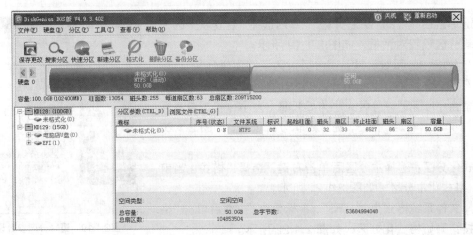

图2.1.16　创建的主分区

　　创建扩展分区：选择未分区空间，然后选择"分区"|"建立新分区"，创建"扩展磁盘分区"，如图 2.1.17 所示。

图2.1.17　扩展分区参数设置

创建的"扩展磁盘分区"如图 2.1.18 所示。与图 2.1.16 比较可以发现，图 2.1.18 中右边 50GB 的磁盘空间颜色从灰色变成了绿色。

图2.1.18 扩展分区

图2.1.19 逻辑分区参数设置

右键单击创建好的"扩展分区"，然后选择"建立新分区"，弹出逻辑分区设置对话框，如图 2.1.19 所示。

图 2.1.19 中，系统已默认将分区设为了"逻辑分区"，用户只需设置文件系统类型和新分区的大小即可。这里设置文件系统类型为"NTFS"，分区大小为 50GB（大小可根据自身需要而定），单击"确定"按钮，完成逻辑分区创建，如图 2.1.20 所示。

格式化分区：选择主分区后单击右键，选择"格式化当前分区"，格式化主分区，如图 2.1.21 所示。

选择文件系统格式为"NTFS"，卷标为"C"，然后单击"格式化"按钮开始格式化分区，如图 2.1.22 所示。

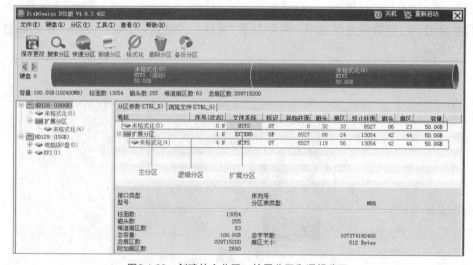

图2.1.20 创建的主分区、扩展分区和逻辑分区

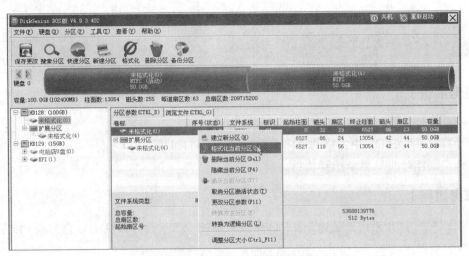

图2.1.21　选择格式化分区

图2.1.22　磁盘参数设置

用同样的方法格式化逻辑分区，如图 2.1.23 所示。

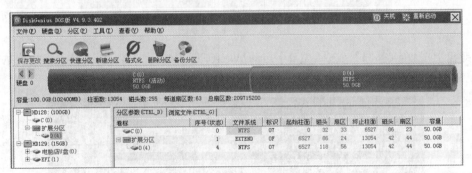

图2.1.23　创建好的硬盘分区

至此，硬盘分区创建和格式化完成。

【任务小结】

本任务主要从两个方面学习了硬盘分区的知识：一是磁盘分区的创建，二是磁盘分区的格式化操作。

任务 3 操作系统安装

【任务准备】

- 一台硬件组装和硬盘分区均已完成的计算机；
- 计算机系统 BIOS 中的启动顺序设置为"USB-HDD"；
- 一个制作好的 U 盘系统安装盘。

【任务过程】

将制作好的"U 盘系统安装盘"插入计算机的 USB 接口，让计算机从 U 盘启动，如图 2.1.24 所示。

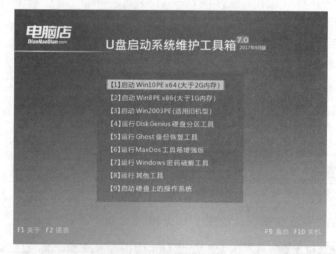

图2.1.24　选择安装系统

在键盘上按数字键"1"，选择"【1】启动 Win10PE x64（大于 2GB 内存）"，加载 Windows PE 系统文件，如图 2.1.25 所示。

图2.1.25　Windows PE系统文件加载

当 Windows PE 系统文件加载完毕后，进入到如图 2.1.26 所示的 Windows PE 系统桌面。

图2.1.26 Windows PE系统桌面

单击图 2.1.26 中的"电脑店一键装机（Alt+Z）"，进入 Windows PE 安装系统前的相关选择，包括映像文件路径和操作系统安装位置的选择，如图 2.1.27 所示。

图2.1.27 选择映像文件和系统安装位置

系统会自动根据操作系统源文件所在位置选择映像文件路径，如图 2.1.27 所示将 U 盘中的镜像文件路径自动添加到映像文件栏。选择操作系统安装的目标盘为 F 盘，单击"执行"按钮，系统询问是否安装到 F 盘，如图 2.1.28 所示。

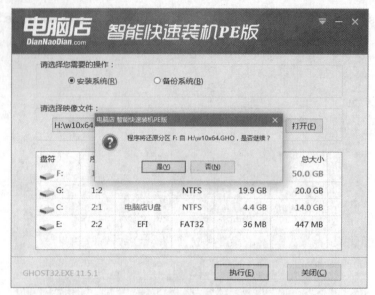

图2.1.28 系统安装确认

单击"是"按钮，开始 Windows 10 系统的正式安装，如图 2.1.29 所示。

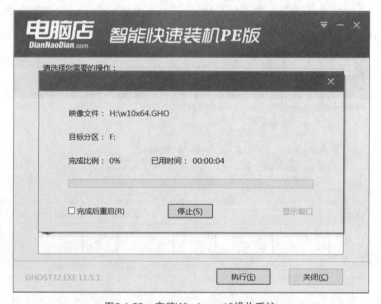

图2.1.29 安装Windows 10操作系统

当系统安装完毕后，系统将通过"装机维护工具套装"自带的硬件驱动程序为计算机的硬件设备安装驱动程序，让硬件正常发挥作用。

当驱动程序安装完毕后，重新启动计算机，单击键盘的 F2 键进入计算机 BIOS 设置界面，选择菜单栏的 Boot 菜单进行设备启动顺序设置。通过小键盘的上、下、左、右方向键和"+、-"键将计算机硬盘设为第一启动设备，让计算机从本地硬盘启动操作系统，如图 2.1.30 所示。

设置好设备启动顺序后，单击键盘的 F10 键，保存设置并退出。重新启动计算机，计算机将从本地硬盘启动安装好的 Windows 10 操作系统，如图 2.1.31 所示。

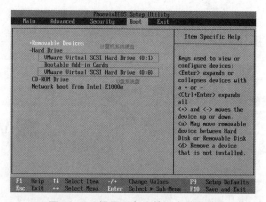

图2.1.30 设置硬盘为第一启动设备

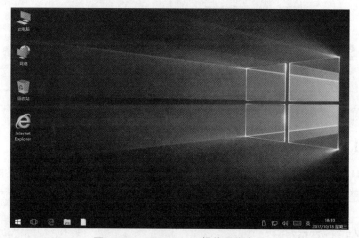

图2.1.31 Windows 10操作系统桌面

激活操作系统。右键单击桌面"此电脑"图标，选择"属性"命令，进入到"系统"窗口，如图 2.1.32 所示。此时的 Windows 10 操作系统尚未激活。

图2.1.32 计算机系统信息

在图 2.1.32 中选择"激活 Windows"选项，在弹出的窗口中输入"激活码"，单击"确定"按钮，完成 Windows 10 操作系统激活，如图 2.1.33 所示。

图2.1.33　激活Windows 10操作系统

【任务小结】

本任务主要从三个方面学习 Windows PE 安装系统，一是通过 Windows PE 安装 Windows 系统的方法，二是 BIOS 中系统启动顺序的设置，三是 Windows 系统的激活方法。

任务 4　操作系统应用

【任务准备】

- 一台已经安装好 Windows 10 操作系统的计算机；
- 计算机硬件系统工作正常；
- 有可以访问的网络，且计算机可以连接到网络。

【任务过程】

1. 认识系统桌面

Windows 10 操作系统启动后，出现在整个屏幕的区域称为桌面，如图 2.1.34 所示。在 Windows 10 操作系统中，大部分操作都是通过桌面来完成的。桌面主要由桌面图标、任务栏、开始菜单等区域组成。

桌面图标：是排列在桌面上的一系列图片，图片由图标和图标名称两部分组成。桌面图标其实是一种"快捷方式"，双击桌面图标可以快速启动相应的程序，如图 2.1.35 所示。

任务栏：在 Windows 10 操作系统中，任务栏是指位于桌面最下方的小长条，主要由开始菜单、应用程序区、语言选项和托盘区组成，如图 2.1.34 所示。

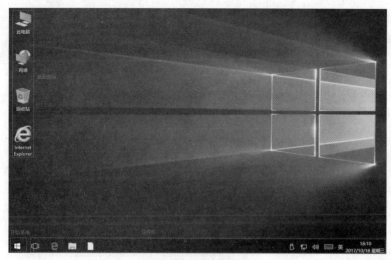

图2.1.34　桌面

图2.1.35　桌面图标

开始菜单：是 Windows 中图形用户界面（GUI）的基本部分，可以看作是操作系统的中央控制区域。在默认状态下，开始菜单位于屏幕的左下方，其中存放了操作系统或系统设置的绝大部分命令，而且还可以使用当前操作系统中安装的所有程序。Windows 10 操作系统支持鼠标"单击"和"右键单击"开始菜单，如图 2.1.36（a）和图 2.1.36（b）所示。

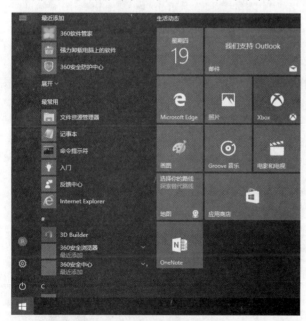

（a）单击开始菜单 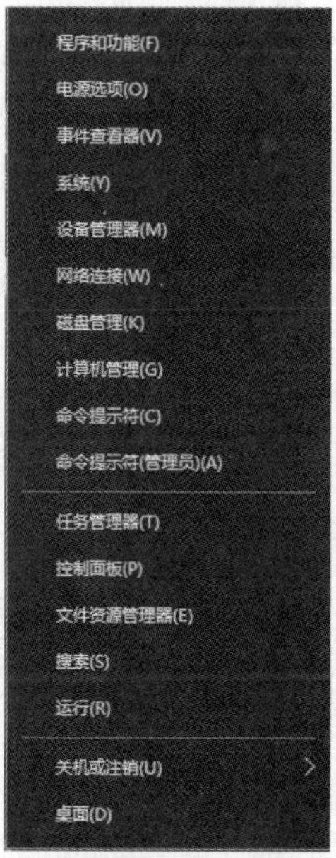　　　　　　　　　　　　（b）右键单击开始菜单

图2.1.36　开始菜单

2. 桌面图标使用

计算机桌面图标通常有"此电脑""网络""回收站""Internet Explorer"等。除了添加系统图标之外，用户还可以添加快捷方式图标，并且可以进行图标排列和重命名操作。

（1）在桌面上添加"控制面板"桌面图标

右键单击桌面空白处，在弹出的快捷菜单中选择"个性化"，如图 2.1.37 所示。

在"设置"窗口选择"主题"菜单，然后选择"桌面图标设置"，进入"桌面图标设置"对话框，如图 2.1.38 所示。

图2.1.37　快捷菜单　　　　　　　　　　　图2.1.38　桌面图标设置

勾选"控制面板"复选框，选中该选项，如图 2.1.39 所示。

单击"确定"按钮，完成"控制面板"桌面图标的添加。此时，即可在桌面上看到添加的"控制面板"图标，如图 2.1.40 所示。

图2.1.39　选择"控制面板"桌面图标　　　　图2.1.40　成功添加"控制面板"桌面图标

（2）桌面快捷方式创建

在程序的启动图标上单击右键，选择"发送到"|"桌面快捷方式"命令，即可创建该程序的快捷方式，如图 2.1.41 所示。创建的快捷方式将显示于计算机桌面。

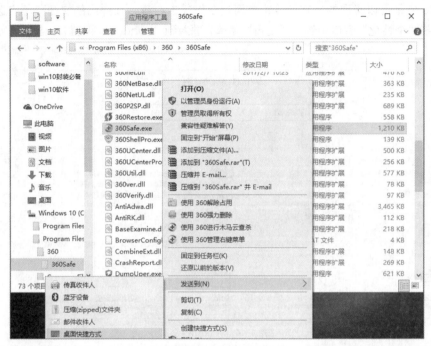

图2.1.41　创建快捷方式

（3）图标排列方式

右键单击计算机桌面空白处，在弹出的快捷菜单中选择"排序方式"|"修改日期"命令，此时计算机桌面的图标即可按照修改日期的先后顺序进行排列，如图 2.1.42 所示。也可以按照文件容量"大小""项目类型""名称"进行排序。

（4）图标重命名

右键单击需要重命名的图标，在弹出的快捷菜单中选择"重命名"命令，输入新的名称，然后按回车键即可。如将桌面名为"此电脑"的图标改成"Computer"，如图 2.1.43 所示。

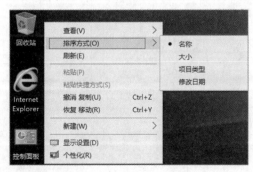

图2.1.42　图标排列方式

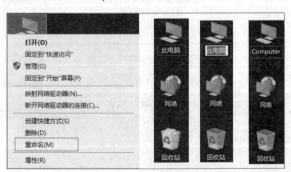

图2.1.43　图标重命名

3. 账户管理

（1）更改账户头像

一些计算机用户希望把账户头像改成自己的照片或者一些个性化的图片，这一想法在Windows 10 中是可以实现的。在计算机桌面空白处单击右键，在弹出的快捷菜单中选择"个性化"命令，在"个性化"窗口中选择"主页"菜单，进入到"Windows 设置"主界面，如图 2.1.44所示。

图2.1.44　Windows设置

选择"账户"选项，进入计算机"账户"设置界面，由于本系统刚装好，只建立了一个账户，因此直接进入到系统管理员 Administrator 的设置界面，如图 2.1.45 所示。

图2.1.45　Windows账户设置

Windows 10 操作系统中创建账户头像有两种方式,第一种是通过计算机的摄像头直接拍摄,第二种是通过已准备好的图片添加。这里选择"通过浏览方式查找一个"已备好的图片作为 Administrtor 用户的头像,如图 2.1.46 所示。

图2.1.46　选择账户头像

选择准备好的图片,然后单击"选择图片"按钮,系统将用选择的图片替换 Administrator 账户原有的头像,如图 2.1.47 所示。

图2.1.47　Administrator账户新头像

（2）创建管理员账户密码

在图 2.1.47 中选择左侧的"登录选项",进入 Administrator 账户密码设置窗口,如图 2.1.48 所示。

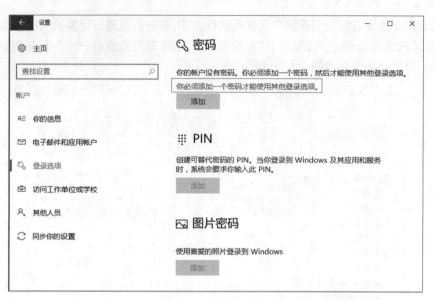

图2.1.48 设置密码

Windows 10 中可以设置三种密码：第一种是普通的微软账户的密码，第二种是 PIN 密码，第三种是图片密码。要注意的是，只有在添加了微软账户密码后才能添加 PIN 密码和图片密码。单击"密码"名称下面的"添加"按钮，进入"创建密码"窗口，如图 2.1.49 所示。

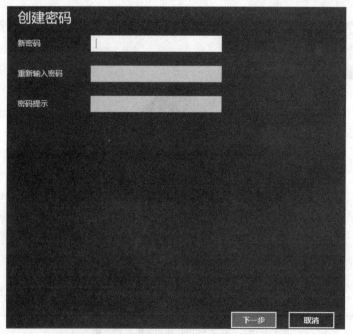

图2.1.49 创建密码

输入"新密码"和"密码提示"，如图 2.1.50 所示。

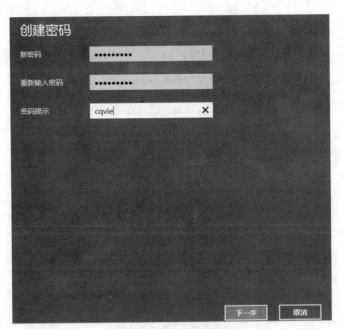

图2.1.50 输入密码和提示

单击"下一步"按钮，进入"下次登录时，请使用新密码"提示窗口，单击"完成"按钮，完成 Administrator 账户的创建，如图 2.1.51 所示。

图2.1.51 完成密码设置

（3）创建用户

在图 2.1.47 中选择左侧的"其他人员"，进入"其他人员"设置界面，如图 2.1.52 所示。

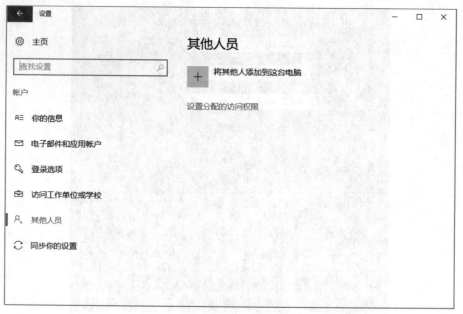

图2.1.52 设置其他人员

单击"将其他人添加到这台电脑"前面的"+",进入"本地用户和组（本地）用户"窗口，进行新用户添加，如图 2.1.53 所示。

图2.1.53 本地用户和组（本地）

右键单击左侧的"用户"选项，弹出用户选项快捷菜单，如图 2.1.54 所示。

图2.1.54 用户选项快捷菜单

选择"新用户"命令，弹出"新用户"对话框，如图 2.1.55 所示。

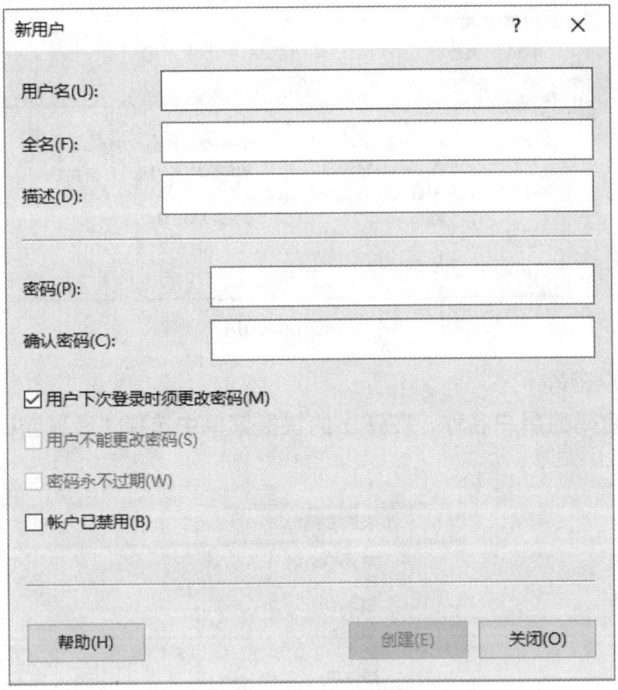

图2.1.55　新建用户

输入用户相关信息，如图 2.1.56 所示。

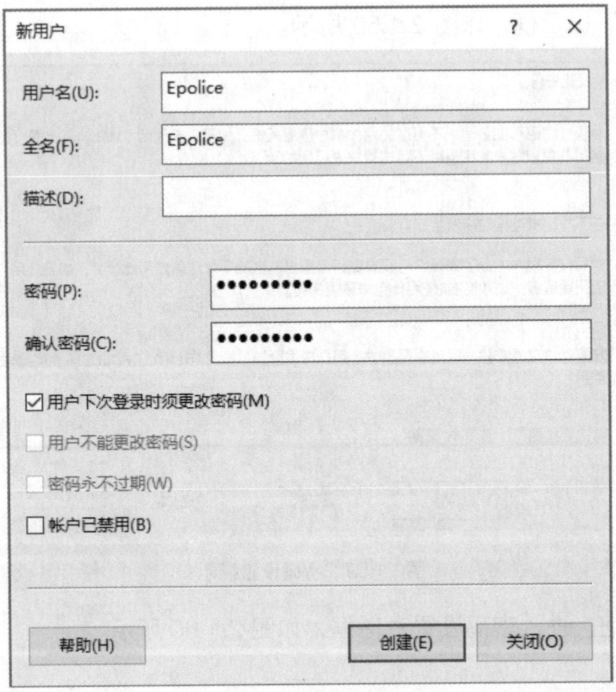

图2.1.56　输入用户信息

输入完用户相关信息后，单击"创建"按钮，完成新用户的创建，如图 2.1.57 所示。

图2.1.57　完成Epolice用户创建

（4）创建普通用户密码

右键单击要创建密码的用户名称，在弹出的快捷菜单中选择"设置密码"命令，如图 2.1.58 所示。

图2.1.58　账户"设置密码"快捷菜单

进入"密码设置"提示框，如图 2.1.59 所示。

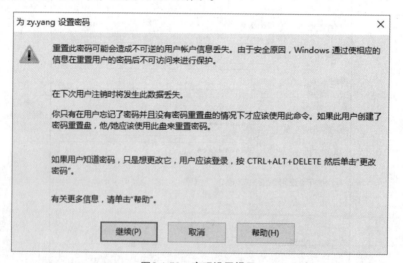

图2.1.59　密码设置提示

单击"继续"按钮，进入密码设置对话框，如图 2.1.60 所示。

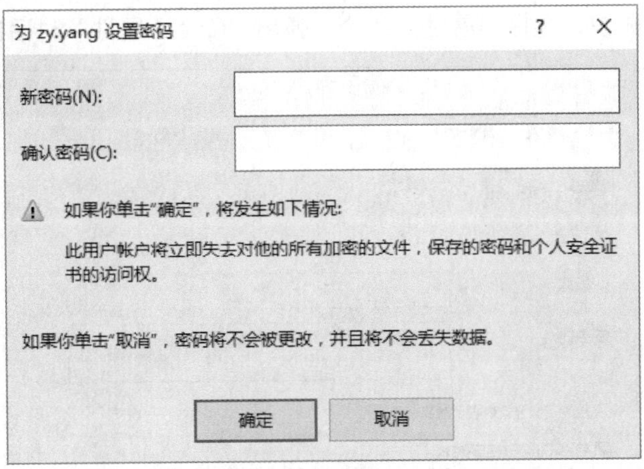

图2.1.60　密码录入窗口

在图 2.1.60 中输入"zy.yang"用户的"新密码"和"确认密码"，如图 2.1.61 所示。

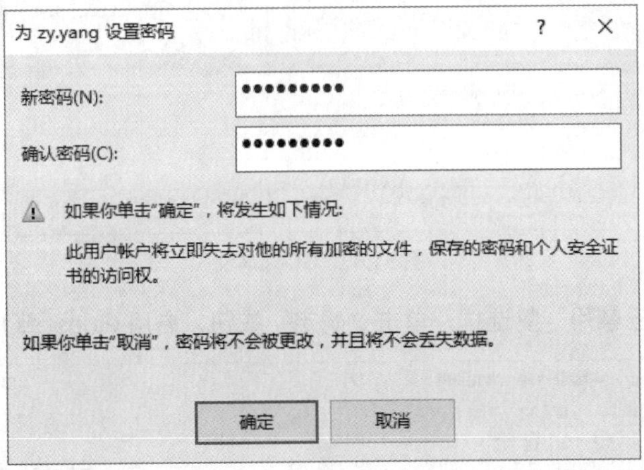

图2.1.61　输入用户密码

单击"确定"按钮，完成"zy.yang"用户密码的创建。

（5）用户启用和禁用

在 Windows 操作系统中，默认情况下系统的 Guest 来宾用户是禁用的。被禁用的账户名称下有一个向下的箭头标识，如图 2.1.62 所示。

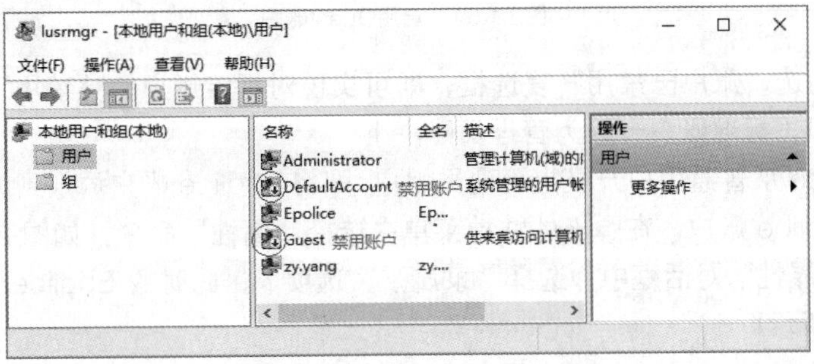

图2.1.62　禁用账户信息

右键单击 Guest 账户，选择"属性"命令，弹出"Guest 属性"对话框，如图 2.1.63 所示。

图2.1.63　Guest属性

取消勾选"账户已禁用"复选框，单击"确定"按钮，启用 Guest 账户，如图 2.1.64 所示。

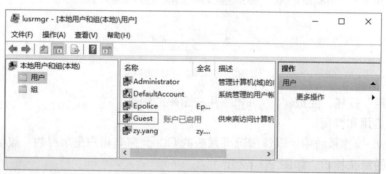

图2.1.64　启用Guest账户

账户禁用：勾选"账户已禁用"复选框，即可实现对指定账户的"禁用"。

（6）账户升级（标准账户升级为管理员账户）

将账户 Epolice 从普通用户升级为管理员用户，即将 Epolice 账户添加到 Administrators 组。

右键单击 Epolice 账户，在弹出的快捷菜单中选择"属性"命令，如图 2.1.65 所示。

在"Epolice 属性"对话框中，选择"隶属于"选项卡，此时的 Epolice 账户隶属于 Users 组，如图 2.1.66 所示。

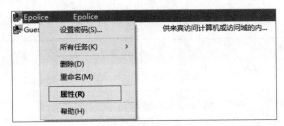

图2.1.65   Epolice账户属性

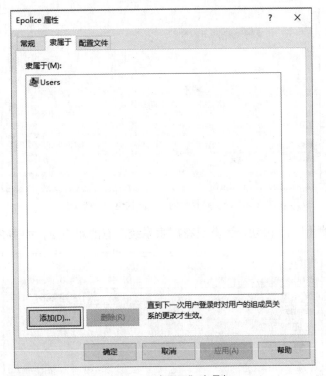

图2.1.66   "隶属于"选项卡

单击"添加"按钮，进入到"选择组"对话框，如图 2.1.67 所示。

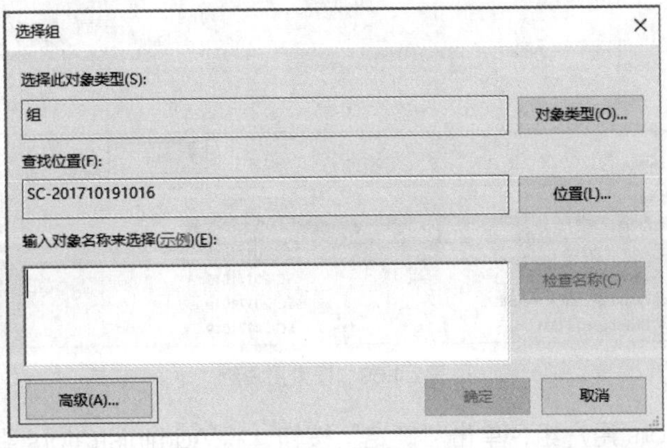

图2.1.67   选择组

单击"高级"按钮，进入到选择组的"一般性查询"选项卡，如图 2.1.68 所示。

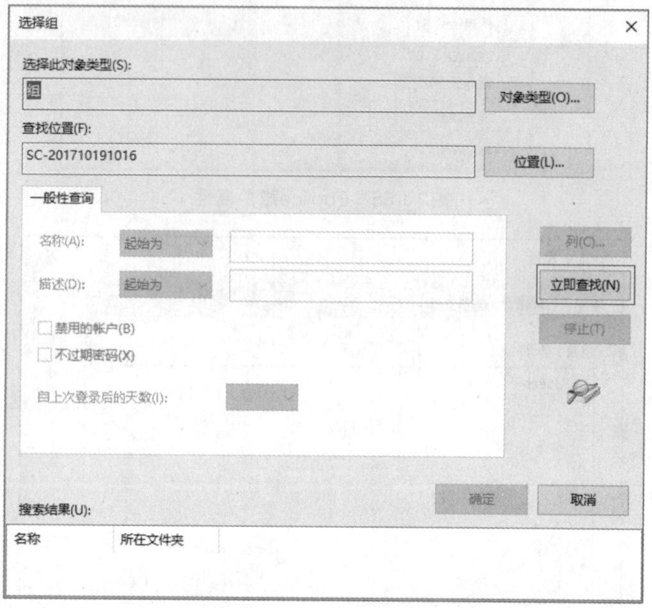

图2.1.68　选择组的"一般性查询"选项卡

单击"立即查找（N）"按钮，计算机将搜索系统已有的用户组，如图 2.1.69 所示。

图2.1.69　搜索用户组

选择 Administrators 用户组，单击"确定"按钮，将 Administrators 组添加到"输入对象名称来选择（示例）"中，如图 2.1.70 所示。

图2.1.70 选择Administrators组

单击"确定"按钮,将 Administrators 加入到 Epolice 账户的组列表中,如图 2.1.71 所示。

图2.1.71 Epolice账户所属组列表

将 Administrators 组移动到列表的最上面,依次单击"确定"和"应用"按钮,完成 Epolice 账户的升级。

4. 屏幕分辨率设置

在计算机桌面单击右键,选择快捷菜单中的"显示设置"命令,进入显示设置窗口,如图 2.1.72 所示。

图2.1.72 "显示设置"快捷菜单

在显示设置窗口，选择"高级显示设置"，如图 2.1.73 所示。

图2.1.73 选择"高级显示设置"

在"高级显示设置"窗口中，单击"分辨率"下拉列表框，根据计算机显示适配器的规格，选择计算机的最佳显示分辨率，如选择"1366×768"，如图 2.1.74 所示。

图2.1.74 选择分辨率

单击"应用"按钮，弹出分辨率改变保留确认提示框，如图 2.1.75 所示。

图2.1.75　显示设置保留询问

单击"保留更改"按钮，完成计算机显示分辨率设置。

5. 计算机设备管理

右键单击"此电脑"，在弹出的快捷菜单中选择"属性"命令，进入"系统"窗口。然后选择"设备管理器"选项，进入"设备管理器"窗口，可以查看计算机的相关硬件设备是否正常工作。如果设备列表中有带黄色叹号或问号的设备，说明该设备不能正常工作，可以尝试重新安装该设备的驱动程序来解决，如图 2.1.76 所示。

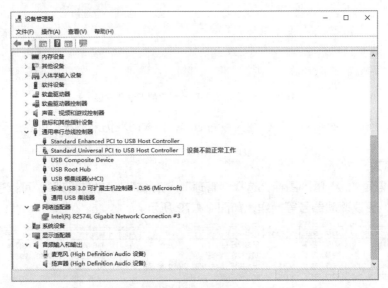

图2.1.76　设备管理

图 2.1.76 中有一个设备名称前面带有黄色"！"，说明此设备存在问题，可以通过更新驱动程序的方式确认是否由于驱动程序问题而导致。

更新驱动程序：右键单击不能正常工作设备的名称，在弹出的快捷菜单中选择"更新驱动程序软件"命令，如图 2.1.77 所示。

图2.1.77　更新设备驱动程序

在弹出的驱动程序搜索方式中选择"自动搜索更新的驱动程序软件",系统将自动搜寻本设备最新的驱动程序,如图 2.1.78 所示。

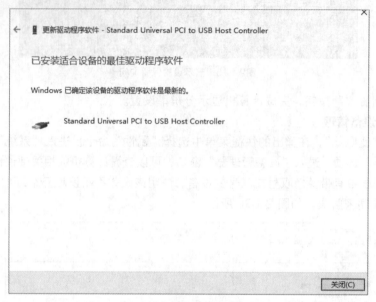

图2.1.78　完成设备驱动程序的搜索和安装

系统提示,该设备的驱动程序已经为最新版本,如果问题仍未解决,可能是硬件本身或者其他问题导致。

6. 磁盘管理

右键单击桌面"此电脑"图标,选择"管理"|"存储"|"磁盘管理",可以进行磁盘分区、删除、格式化、更改驱动器号等操作,如图 2.1.79 所示。

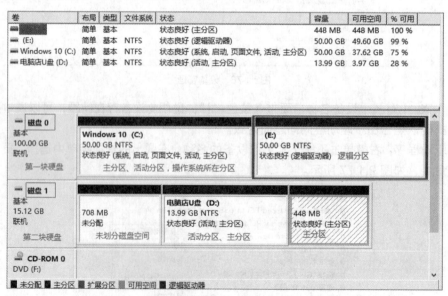

图2.1.79　磁盘管理

7. 计算机桌面文件路径更改

一些习惯不好或者贪图方便的用户常常将下载的文件或办公文件保存在桌面，而桌面文件的默认保存路径为 C 盘，一旦计算机系统出现故障，就可能导致文件丢失。但可通过更改桌面文件保存路径来有效解决这一问题。例如：将桌面文件保存路径从 C 盘改为 "E:\Desktop"，操作办法如下：

进入 C 盘，首先选择 "用户" | "Administrator"，然后右键单击 "桌面" 文件夹，在弹出的快捷菜单中选择 "属性" 命令，进入桌面属性设置对话框，如图 2.1.80 所示。

图2.1.80 桌面属性

在图 2.1.80 中，选择 "位置" 选项卡，可看到桌面文件保存的默认位置为 "C:\Users\Administrator\Desktop"，如图 2.1.81 所示。

单击 "移动" 按钮，选择 E 盘已经建好的 "Desktop" 文件夹，将桌面文件保存路径改为 "E:\Desktop"，如图 2.1.82 所示。

8. 计算机上网设置

右键单击桌面的 "网络"，选择 "属性" | "更改适配器设置" 命令，然后右键单击 "网络图标"，选择 "属性" 命令，进入网络属性设置对话框，如图 2.1.83 所示。

计算机获取 IP 地址的方式有两种：第一种是自动获取，第二种是指定固定 IP 地址。如果网络内有 DHCP 服务器且有 IP 地址可分配，可以选择自动获取 IP 地址，如图 2.1.84 所示。

图2.1.81　桌面文件默认保存路径

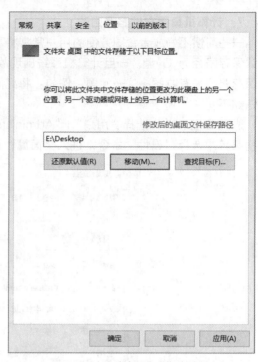

图2.1.82　修改桌面文件保存路径

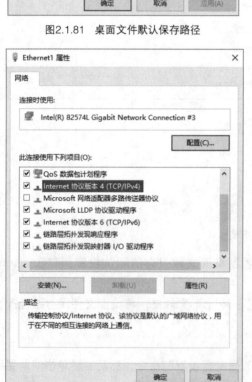

图2.1.83　网络属性

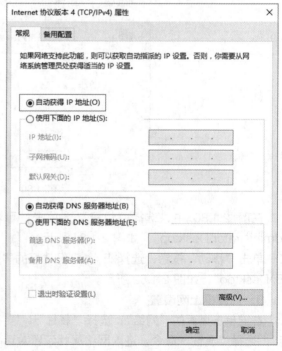

图2.1.84　设置自动获取IP

　　设置自动获取 IP 地址后，可以通过右键单击桌面开始菜单，选择"命令提示符"，进入命令提示符窗口，输入"ipconfig/all"检查计算机获取 IP 地址情况，如图 2.1.85 所示。

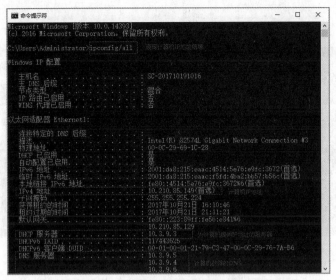

图2.1.85　查询计算机IP地址信息

如果网络内没有 DHCP 服务器来分配 IP 地址，可根据网络规划或者联系网络管理员取得 IP 地址相关信息，并将 IP 地址输入到地址栏里，然后单击"确定"按钮，如图 2.1.86 所示。

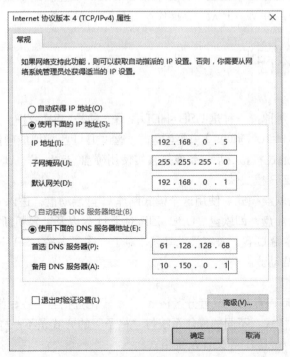

图2.1.86　设置固定IP信息

验证配置结果：打开 IE 浏览器，在地址栏中输入任意一个合法的互联网网站的地址（域名或 IP），然后按回车键。如果能正常打开网页，说明 IP 信息设置正确。这里以输入重庆工程职业技术学院网址为例，如图 2.1.87 所示。

图2.1.87　上网验证

【任务小结】

本任务围绕如何用好计算机，详细介绍了认识计算机桌面→桌面图标使用→图标排列→图标重命名→账户管理→屏幕分辨率设置→计算机设备管理→磁盘管理→桌面文件路径更改→上网设置等内容，为用户使用好 Windows 10 操作系统奠定了重要基础。

任务拓展——相关知识

1. U 盘启动模式

U 盘的启动模式有两种：一种是 USB-HDD，另一种是 USB-ZIP。

USB-HDD（USB Hard Drives）：硬盘模式。通过把 U 盘模拟成硬盘来启动安装在 U 盘里的 Windows PE 系统，通过模拟之后，就像是直接使用硬盘启动一样。USB-HDD 硬盘模式的特点是它的启动比 USB-ZIP 模式快。

USB-ZIP：大容量软盘模式。使用这个模式制作 U 盘启动盘，进入 U 盘的 Windows PE 系统之后，显示的盘符为 A 盘，即软盘。USB-ZIP 对于 U 盘以及计算机新主板支持不太好，特别是一些超过 2GB 的大容量 U 盘，兼容性尤其差。对于一些不支持 USB-HDD 模式的计算机，可以使用 USB-ZIP 模式启动。

2. 文件系统

文件系统格式，又叫磁盘格式或者分区格式。"格式化就相当于在白纸上打上格子"，而分区格式就如同"格子"的样式。不同的操作系统打"格子"的方式是不一样的，目前 Windows 下主要有 FAT32、NTFS、exFAT 等文件系统格式。

FAT32：无论是 Windows 系统还是苹果系统都支持读取和写入操作，但是不支持存储超过 4GB 的单个文件，目前 FAT 格式已经基本不再使用。

NTFS：支持 Windows 系统和苹果系统，也支持存储超过 4GB 的单个文件，但是苹果系统下默认只能读取不能写入。

exFAT：支持苹果系统下的读取和写入，同时支持存储超过 4GB 的单个文件，缺点是无补丁的 Windows XP 操作系统无法识别。

3. BIOS

BIOS（Basic Input Output System，基本输入输出系统）是个人计算机启动时加载的第一个软件。其实，它是固化到计算机主板上的一个 ROM 芯片上的程序，它保存着计算机最重要的基本输入输出程序、开机后自检程序和系统自启动程序，它可从 CMOS 中读写系统设置的具体信息。

4. 磁盘（硬盘）分区

（1）硬盘初始化

新硬盘必须经过低级格式化、分区和高级格式化三个初始工作后，才能使用。

低级格式化：低级格式化的作用是划分可供使用的磁盘扇区和磁道，并标记有问题的扇区，同时写入硬盘的交叉因子，以使硬盘工作在较佳状态。现在的硬盘在出厂前均对硬盘做了低级格式化，所以无须重复操作。除非是硬盘有了坏道，需要全面清除数据等特殊要求。

分区：分区就相当于在一张大白纸上画一个大方框。硬盘属于大容量存储设备。为了使其中存放的数据更为有序，便于对数据的管理，通常在使用前对硬盘进行分区，将其划分成几个逻辑硬盘。不同的硬盘存放不同类型的数据，更有利于数据的管理与查找。

高级格式化：高级格式化相当于在大方框中打上格子，是针对低级格式化而言的，有时简称为格式化。高级格式化的主要作用是写入磁盘的引导文件、文件存放于磁盘的分配记录等，同时把硬盘的分区（如 C 盘）划分成一个个小的区域（每个区域称为一个块，通常在格式化时可指定块大小），再把这些块编上号，这样计算机才知道该往哪儿写入数据和读取数据，就像在一张白纸上打上格子一样，便于以后的书写。

以前有数据的磁盘，经过格式化以后，就相当于将以前文件占用的块全部标记为未使用状态，操作系统不再读取这些块。所以从表面看来，相当于这个磁盘是空白的。

（2）分区的结构与作用

一个硬盘的分区由分区表、数据区等组成。硬盘的主要分区有：主分区、扩展分区、逻辑分区，它们之间的关系如图 2.1.88 所示。硬盘的分区步骤为建立主分区、建立扩展分区、将扩展分区划为逻辑驱动器、激活主分区。

主分区：也称为基本分区，其中不能再划分其他类型的分区，每个主分区都相当于一个逻辑磁盘，分区信息保存在主引导记录的分区表中。硬盘仅仅为分区表保留了 64 个字节的存储空间，而每个分区的参数占据 16 个字节，故主引导扇区中总计只能存储 4 个分区的数据。因此，一个硬盘最多可以建立四个主分区。计算机总是从硬盘上处于活动状态的主分区上启动。

扩展分区：扩展分区只是一个概念，实际在硬盘中是看不到的，也无法直接使用扩展分区。除了主分区外，剩余的磁盘空间就是扩展分区了。当一块硬盘将所有容量都分给了主分区，那就没有扩展分区了。仅当主分区容量小于硬盘容量，剩下的空间才属于扩展分区。扩展分区可以继续切割为多个逻辑分区，扩展分区也只有划分为逻辑分区才能使用。硬盘中扩展分区是可选的，即可根据用户的需要及操作系统的磁盘管理能力来设置扩展分区。

逻辑分区：扩展分区不能直接使用，要将其分成一个或多个逻辑分区，也叫逻辑驱动器，才能被操作系统识别和使用。当启动操作系统时，操作系统给主分区和每个逻辑分区分配一个驱动号，也叫盘符。主分区的盘符为 C，逻辑分区的盘符最多为 23 个，从 D 到 Z。

活动分区：活动分区是计算机的启动分区，也就是将某一个主分区设为活动状态，不设置活动分区计算机将无法启动。当只有一块硬盘时，活动分区默认为 C 盘。当有多块硬盘时，可以同时设置多个活动分区，启动时将按 CMOS 里设置的启动顺序进行。启动系统时，活动分区上的操作系统将执行一个称为驱动器映像的过程，它给主分区和逻辑分区分配驱动器名。所有的主分区首先被映像，而逻辑分区用后续的字母指定，但在 DOS、Windows 中无法看到非激活的主分区。

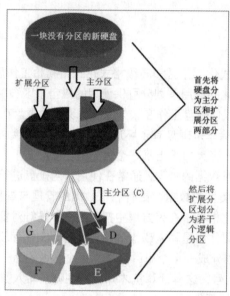

图2.1.88　主分区、扩展分区与逻辑分区关系图

5. MBR

MBR（Master Boot Record，主引导记录）位于硬盘的 0 磁道 0 柱面 1 扇区，它的大小是 512 字节。MBR 区域可以分为三个部分：第一部分为 pre.boot 区（预启动区），占 446 字节；第二部分是 Partition table（分区表），占 64 个字节，记载了主分区和扩展分区的类型、大小，以及分区开始、结束位置等重要内容；第三部分是 magic number，占 2 字节，固定位置为 55AA。

MBR 中包含了硬盘的一系列参数和一段引导程序。其中，硬盘引导程序的主要作用是检查分区表是否正确，在系统硬件完成自检以后引导具有激活标志的分区上的操作系统，并将控制权交给启动分区的引导程序。MBR 不属于任何一个操作系统，是由分区程序（如 Fdisk）产生的，它不依赖于任何操作系统，而且硬盘引导程序也是可以改变的，从而实现多系统共享。

6. Windows PE

Windows PE 即 Windows Preinstallation Environment（Windows 预安装环境），是在 Windows 内核上构建的具有有限服务的最小 Win32 子系统，它为正式安装 Windows 操作系统而准备计算机，以便从网络文件服务器复制磁盘映像并启动 Windows 安装程序。

7. 计算机设备驱动程序

计算机设备驱动程序是一种可以使计算机和设备通信的特殊程序，相当于硬件的接口。操作系统只有通过这个接口，才能控制硬件设备的工作。

8. IP 地址

IP 地址（Internet Protocol Address）即因特网协议地址。IP 地址用来给因特网上的计算机一个编号，这个编号在网络内是唯一的，是网络内数据用来寻址的。

9. DNS

DNS（Domain Name System，域名系统）是因特网上的域名和 IP 地址相互映射的一个分布式数据库，能够让用户更方便地访问因特网，而不用去记忆能够被机器直接读取的 IP 地址。通过主机名，最终得到该主机名对应的 IP 地址的过程称为域名解析，也称为正向解析；通过 IP 地址，得到 IP 地址对应的域名的过程称为反向解析。

10. DHCP

DHCP（Dynamic Host Configuration Protocol，动态主机配置协议）是一个局域网的网络协议，主要有两个用途：一是给内部网络或网络服务供应商自动分配 IP 地址，二是供用户或者内部网络管理员作为对所有计算机进行中央管理的手段。

11. 快捷方式

快捷方式是 Windows 提供的一种快速启动程序、打开文件或文件夹的方法。它是应用程序的快速链接。快捷方式图标有一个共同的特点，即在每个图标的左下角都有一个非常小的箭头，快捷方式的扩展名为"*.lnk"。

12. Windows 10 操作系统密码

Windows 10 操作系统的用户密码有三种，分别是 Microsoft 账户密码、PIN 密码、图形密码。

Microsoft 账户密码：这是 Windows 系统中最常用的一种用户密码设置，即系统登录时的密码。

PIN 密码：PIN（Personal Identification Number）即 Windows 10 操作系统识别码，是 Windows 10 操作系统新增的一套本地密码策略。PIN 密码仅与本机相关联，与微软账户密码相互独立。同图片密码一样，PIN 密码也可作为 Windows 10 操作系统的附加登录方式。通常 PIN 密码由四位数字字符组成，但并不局限于是数字。设置 PIN 密码后，Windows 10 操作系统在登录时只需要输入 PIN 密码，就可以快速登录。

图片密码：Windows 10 和 Windows 8 相较于 Windows 7 新增的一种登录方式，快速、流畅且支持用户自定义。用户可以自主选择图片，并在图片上设置固定手势，下次登录的时候就可以通过在该图片上滑动设定好的手势登录。图片密码的核心由图片和用户绘制的手势组成，用户可以自由选择图片和自定义手势，而且不限于微软提供的图片，用户可以自由选择图片作为图片密码的背景。这将有助于用户增加密码的安全性和可记忆性，而这张图片对用户的重要性就如同许多人选择的手机锁屏图片一样。

任务拓展——疑难解析

1. U 盘启动盘制作失败

原因 1：计算机操作系统原因导致 U 盘启动盘制作失败。

解决办法：换一台计算机进行 U 盘启动盘制作。

原因 2：U 盘容量不足导致 U 盘启动盘制作失败。

解决办法：首先检测 U 盘容量是否足够，然后检查自己的 U 盘质量是否过关。主流的 U 盘启动盘制作工具的启动文件大小都接近 400MB，还需要在该启动盘添加 GHO 镜像文件，保证 4GB 的容量是必要的。

原因 3：杀毒软件或者防火墙导致的失败。

解决办法：可能有些 U 盘启动盘制作工具在 U 盘启动盘制作过程中涉及对系统程序的修改，修改过程被杀毒软件拦截报错。因此，可先关闭杀毒软件、安全卫士等类似杀毒、安全保护程序，待制作完成后再开启。

原因 4：U 盘本身的文件、程序与制作 U 盘启动盘程序有冲突，例如 U 盘本身有杀毒程序。

解决办法：进行 U 盘格式化处理，格式化完成后再进行 U 盘启动盘制作。

2. U 盘安装系统故障

故障现象 1：启动成功后出现死机现象。

解决办法：此现象一般出现在较老的计算机上。由于老机器配置低、运行速度慢，当 Windows PE 加载的 ISO 文件太大、耗费时间过长时，内存就会出现冗余，导致死机，因此 Windows PE 加载的 ISO 文件一般不要超过 50MB。

故障现象 2：U 盘安装系统进入 Windows PE 时蓝屏。

解决办法：第一种情况可能是因为某些品牌计算机不支持 GHOST 版本的系统，可以重新安装系统或者不安装 Windows PE 系统自带的驱动程序；第二种情况可能是 U 盘启动盘没有制作好或者兼容性不好导致。

故障现象 3：安装程序无法定位现有系统分区，也无法创建新的系统分区。

解决办法：一是把系统镜像放在计算机的非系统盘上，重启计算机，通过 U 盘启动，进入 WinPE 系统；二是把 Windows 10 的 ISO 镜像解压到非系统盘的其他硬盘上，进入 WinPE 系统，格式化 C 盘为 NTFS 格式（建议分 50GB 以上）。从解压安装程序的文件夹中找到 boot、bootmgr 和 sources 这三个文件，复制到 C 盘根目录下。在 WinPE 系统中运行"CMD"命令，输入"C:\boot\bootsect.exe /nt60 C:"，单击"确定"按钮，看到"successful"字样的提示语句即成功了，重新启动计算机即可。系统安装后，如果出现 Windows 设置启动，可以以管理员身份打开命令提示符，输入"Msconfig"，打开系统配置对话框，选择"引导"选项卡，然后选择要删除的引导项目，单击"删除"I"应用"I"确定"按钮。

故障现象 4：U 盘装系统找不到硬盘。

解决办法：可能是硬盘模式没有设置好。开机先进入计算机 BIOS，再进入 Config 选项，选择"Serial ATA（SATA）"，把原来的"AHCI"改为"Compatibility"或者"IDE"，按 F10 键保存设置并退出。

故障现象 5：计算机硬件良好，GHOST 还原或安装过程提示错误"A:\GHOSTERR.TXT"，使得安装无法全部完成。

解决办法：进入 Windows PE 后先格式化 C 盘再安装；用正版安装盘来安装系统，不要用 GHOST 版本安装。

故障现象 6：开机提示 NTLDR is missing。

解决办法：原因是磁盘引导文件 NTLDR 丢失，系统崩溃。NTLDR 是一个隐藏的、只读的系统文件，位于系统盘的根目录，用来装载操作系统。解决方法为先进入一台正常计算机的 Windows PE 系统，在 C 盘根目录下把单个的隐藏文件拷贝到 U 盘（这些隐藏的系统文件在正常系统中是看不见的），如果看不见，在"文件夹选项"选择"显示所有文件"，然后进入出问题的 Windows PE 系统，把拷贝过来的文件粘贴进去，重启计算机即可。

3. 硬盘分区常见故障

故障现象：硬盘划分了四个主分区，想将剩余空间划分为扩展分区，提示无法完成。

解决办法：硬盘可以由主分区和扩展分区组成，也可以只由主分区组成。一个硬盘至少可以划分一个主分区，最多可以划分四个主分区。一旦划分四个主分区后，就不能再划分扩展分区了了，因此要想将剩余空间划分为扩展分区，必须先删掉一个主分区。

4. Windows 10 系统账户头像删除

故障现象 1：某用户想将图 2.1.47 所示的用户头像改为新的头像，但是不知道怎么删除先前的头像，如图 2.1.89 所示。

图2.1.89　更换账户头像

解决办法：双击桌面"此电脑"图标，打开"此电脑"窗口，在地址栏中直接输入：C:\Users\Administrator\AppData\Roaming\Microsoft\Windows\AccountPictures，然后按回车键，即可看到用户的头像图标，如图 2.1.90 所示。

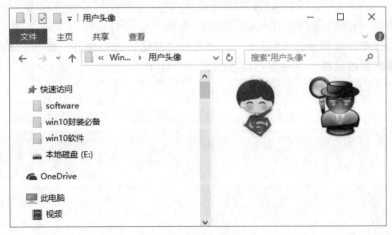

图2.1.90　用户头像文件

在 AccountPictures 文件夹中，将不需要的头像图片删除即可，删除后的效果如图 2.1.91 所示。

图2.1.91　成功更换的账户头像

故障现象 2：某用户想将图 2.1.91 所示的用户头像恢复为原来默认的灰色头像，但不知道系统默认头像的路径。

解决办法：系统账户默认的头像保存在 "C:\ProgramData\Microsoft\User Account Pictures"。因此，在图 2.1.91 中，单击"通过浏览方式查找一个"选项，在弹出的文件选择路径对话框中找到"C:\ProgramData\Microsoft\User Account Pictures"路径，选中默认头像图片，然后单击"选择图标"按钮即可。

任务实践

1. 制作一个 Windows 10 的 U 盘系统安装盘。
2. 对本项目中安装好的 Windows 系统进行备份。
3. 将本项目中的逻辑分区（50GB）拆分为两个分区，分别为 30GB 和 20GB。
4. 将计算机系统的临时文件保存位置改为 D:/Temp。
5. 开启计算机系统的来宾用户 Guest。

2 Chapter

项目 2
虚拟机平台搭建与应用

　　从事计算机软件开发或者计算机服务器架构与管理工作的人员，往往需要在多个系统之间进行切换和操作，这种需求可以通过虚拟机技术实现。虚拟机技术是虚拟化技术的一种，所谓虚拟化技术就是将事物从一种形式转变成另一种形式。虚拟系统通过生成现有操作系统的全新虚拟镜像，具有真实 Windows 系统完全一样的功能。本项目以目前最为流行的 VMware Workstation Pro 12 为虚拟机搭建工具，基于工作过程详细介绍 VMware Workstation Pro 12 的安装、虚拟机中操作系统的安装，以及虚拟机的使用等。

任务 1　VMware Workstation 的安装

【任务准备】

- VMware Workstation Pro 12 安装文件；
- 一台有足够硬盘空间的计算机。

【任务过程】

双击准备好的 VMware Workstation Pro 12 安装文件，开始虚拟机的安装，如图 2.2.1 所示。

图2.2.1　欢迎安装VMware向导

单击"下一步"按钮，进入到"最终用户许可协议"选择对话框，如图 2.2.2 所示。

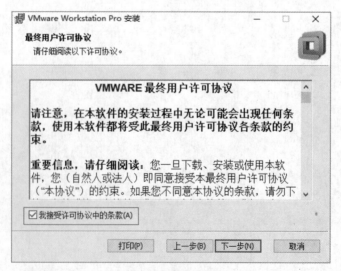

图2.2.2　选择用户许可协议

　　勾选"我接受许可协议中的条款",然后单击"下一步"按钮,进入安装路径选择界面,如图 2.2.3 所示。

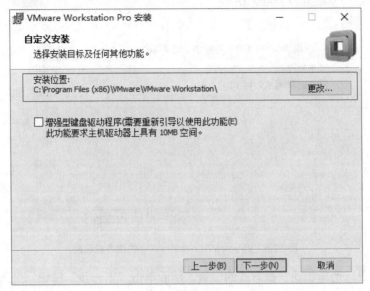

图2.2.3　选择安装路径

　　用户根据实际情况和需要选择安装路径。如果需要修改路径,单击"更改"按钮。选择安装路径,单击"下一步"按钮,进入"用户体验设置"界面,如图 2.2.4 所示。

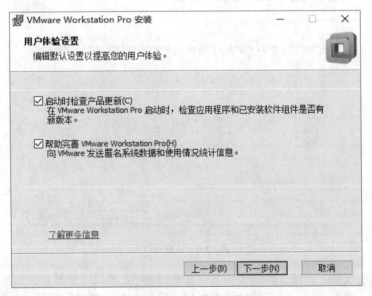

图2.2.4　用户体验设置

　　为了得到 VMware 产品的更好服务,建议两项"用户体验设置"都选择,然后单击"下一步"按钮,进入到快捷方式创建界面,如图 2.2.5 所示。

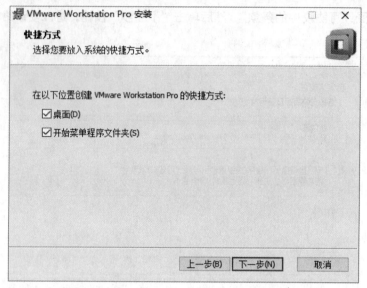

图2.2.5　VMware Workstation Pro快捷方式设置

　　根据用户需要，选择创建快捷方式的位置，然后单击"下一步"按钮，进入安装确认界面，如图 2.2.6 所示。

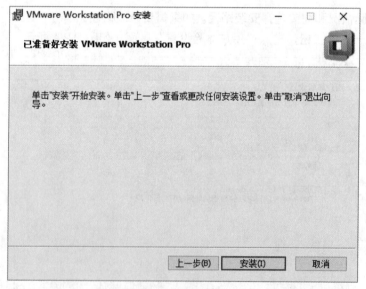

图2.2.6　安装确认

　　单击"安装"按钮，开始 VMware Workstation Pro 12 的正式安装，如图 2.2.7 所示。

　　安装完毕后，单击"下一步"按钮，进入到"安装向导已完成"界面，如图 2.2.8 所示。

　　单击"许可证"按钮，进入 VMware 注册界面，如图 2.2.9 所示。

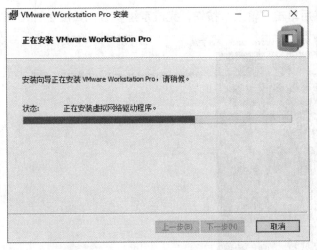

图2.2.7 安装VMware Workstation Pro 12

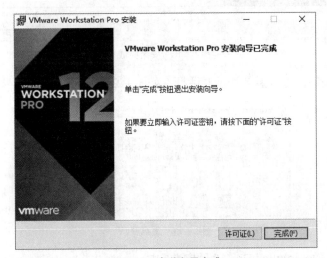

图2.2.8 安装向导完成

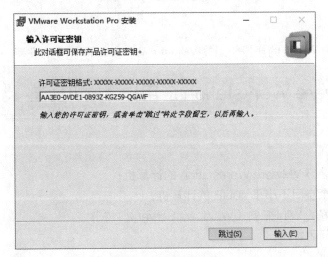

图2.2.9 VMware注册

输入注册码，然后单击"输入"按钮，完成系统安装，如图 2.2.10 所示。

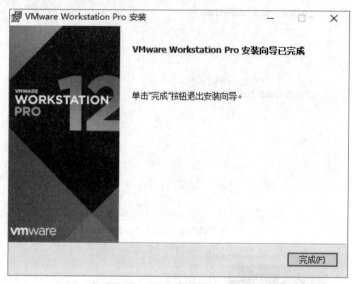

图2.2.10　安装完成

单击"完成"按钮，进入重启提示对话框，如图 2.2.11 所示。

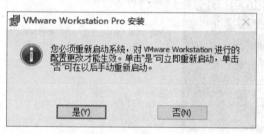

图2.2.11　重启提示

至此，VMware Workstation Pro 12 的安装完毕。

【任务小结】

本任务主要学习了主流的虚拟机工具 VMware Workstation 12 的安装。

任务 2　VMware Workstation 应用与虚拟机创建

【任务准备】

- 一台已经安装好 VMware Workstation 的计算机；
- 一台硬盘剩余空间不小于 40GB 的计算机；
- 一个已经做好的 WinPE 盘（Windows Server 2012）；
- 物理机能访问因特网。

【任务过程】

1. 虚拟机添加

双击安装好的 VMware Workstation，启动 VMware Workstation 软件，如图 2.2.12 所示。

图2.2.12　VMware Workstation主界面

单击图 2.2.12 右侧的"创建新的虚拟机"图标，或者单击"文件"菜单，选择"新建虚拟机"命令，创建一台虚拟机，如图 2.2.13 所示。

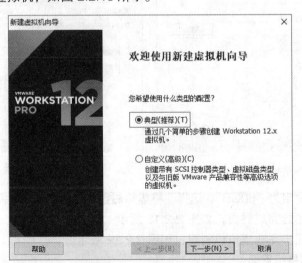

图2.2.13　创建虚拟机向导

选择"典型（推荐）"类型的配置，然后单击"下一步"按钮，进入到"安装客户机操作系统"界面，如图 2.2.14 所示。

选择"稍后安装操作系统"，后面再进行系统的安装，然后单击"下一步"按钮，进入到操作系统类型和版本选择界面，如图 2.2.15 所示。

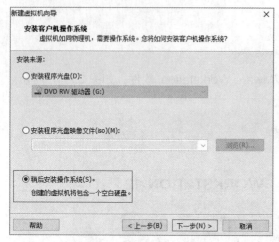

图2.2.14　安装客户机操作系统

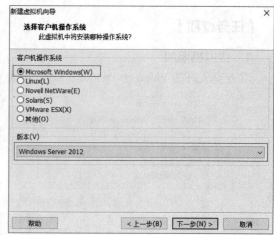

图2.2.15　选择客户机操作系统

选择"Microsoft Windows（W）"操作系统和"Windows Server 2012"版本，然后单击"下一步"按钮，进入虚拟机命名和路径选择界面，如图 2.2.16 所示。

输入虚拟机名称和位置，单击"下一步"按钮，进入"磁盘容量"选择界面，如图 2.2.17 所示。

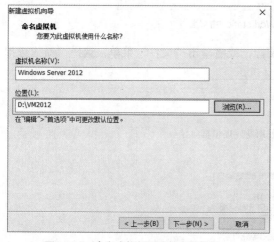

图2.2.16　命名虚拟机和选择安装位置

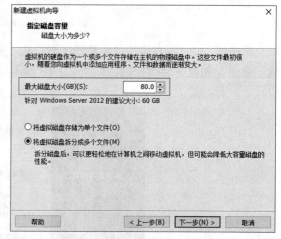

图2.2.17　指定磁盘容量

本书将磁盘容量设定为"80GB"，选择"将虚拟磁盘存储为单个文件"，然后单击"下一步"按钮，进入到虚拟机创建完成界面，如图 2.2.18 所示。

单击"完成"按钮，完成虚拟机创建，如图 2.2.19 所示。

2. 虚拟机中操作系统安装

在图 2.2.19 中，单击"编辑虚拟机设置"，将 U 盘系统安装盘添加为"硬盘"，进入虚拟机设置界面，如图 2.2.20 所示。

在图 2.2.20 中选择"硬盘（SCSI）"，单击"添加"按钮，进入添加硬件向导界面，如图 2.2.21 所示。

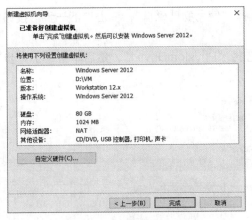

图2.2.18　虚拟机设置信息

图2.2.19　Windows Server 2012虚拟机

图2.2.20　虚拟机设置

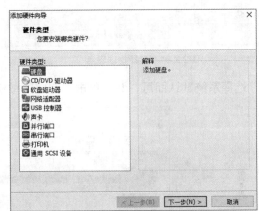

图2.2.21　选择硬件类型

　　选择硬件类型为"硬盘"，单击"下一步"按钮，进入虚拟磁盘类型选择界面，如图 2.2.22 所示。

　　选择系统推荐的磁盘类型，单击"下一步"按钮，进行磁盘选择，如图 2.2.23 所示。

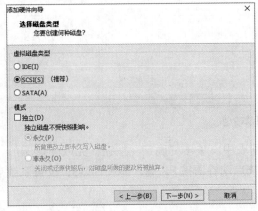

图2.2.22　选择磁盘类型

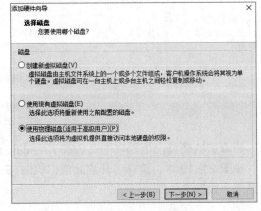

图2.2.23　选择磁盘

这里是将 U 盘添加进虚拟机硬盘中，因此，选择"使用物理磁盘"，单击"下一步"按钮，进入物理磁盘选择，如图 2.2.24 所示。

一般 U 盘或者物理磁盘会是最后一项，因此选择"PhysicalDrive1"，然后单击"下一步"按钮，进入"指定磁盘文件"界面，如图 2.2.25 所示。

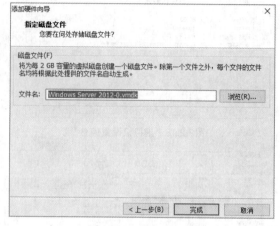

图2.2.24　选择物理磁盘　　　　　　　　　　图2.2.25　指定磁盘文件

选择系统默认即可，然后单击"完成"按钮，完成硬盘添加，如图 2.2.26 所示。

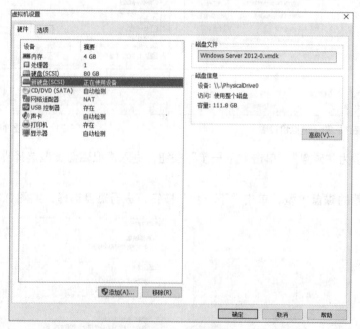

图2.2.26　新添硬盘

新添加的硬盘已出现在图 2.2.26 所示的硬件列表中，单击"确定"按钮，完成硬盘添加。

在图 2.2.19 中，选择"开启此虚拟机"，在系统启动界面按 F2 键，进入 BIOS，设置系统启动顺序，如图 2.2.27 所示。

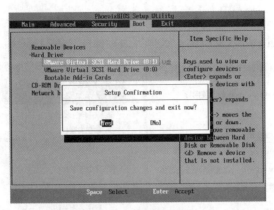

图2.2.27 启动顺序设置

使用 Shift 键和 "+" 键将 U 盘移到 "Hard Drive" 列表的第一位，然后按 F10 键，在弹出的对话框中单击 "Yes" 按钮即可。

重启计算机，对计算机磁盘进行分区和格式化，然后安装 Windows Server 2012 操作系统，具体方法参见项目 1 "安装 Windows 10 操作系统"。安装好的 Windows Server 2012 系统如图 2.2.28 所示。

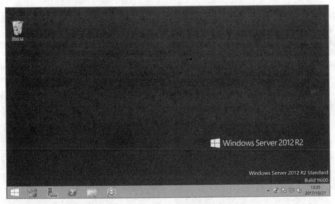

图2.2.28 Windows Server 2012桌面

3. 安装 VMware Tools

单击 "虚拟机" 菜单，选择 "安装 VMware Tools" 命令，进行 VMware Tools 安装，如图 2.2.29 所示。

图2.2.29 选择 "安装VMware Tools"

进入到 VMware Tools 安装向导界面，如图 2.2.30 所示。

单击"下一步"按钮，进入安装类型选择界面，如图 2.2.31 所示。

图2.2.30　VMware Tools安装向导

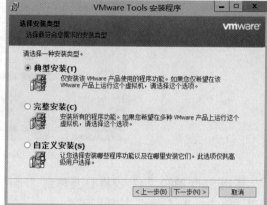

图2.2.31　选择安装类型

选择"典型安装"，单击"下一步"按钮，进入到程序安装界面，如图 2.2.32 所示。

当程序安装完毕后，单击"完成"按钮，完成 VMware Tools 安装，如图 2.2.33 所示。

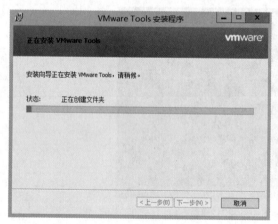

图2.2.32　程序安装

图2.2.33　安装完成

系统提示"重新启动系统"，单击"是"按钮，让配置更改生效，如图 2.2.34 所示。

图2.2.34　重启系统提示

4．添加计算机桌面图标

右键单击开始菜单图标，在弹出的快捷菜单中选择"运行"命令，弹出"运行"对话框，如图 2.2.35 所示。

在"运行"对话框中输入"rundll32.1.exe shell32.1.dll,Control_RunDLL desk.cpl,,0"命令，如图 2.2.36 所示。

图2.2.35　开始菜单的快捷菜单

图2.2.36　运行

单击"确定"按钮，进入"桌面图标设置"对话框，如图 2.2.37 所示。

选择需要新增的"桌面图标"选项，如图 2.2.38 所示。

单击"确定"按钮，完成桌面图标添加，添加后的效果如图 2.2.39 所示。

图2.2.37　桌面图标设置

图2.2.38　选择桌面图标

图2.2.39　新增桌面图标

5. 设置虚拟机通过主机上网

选择"虚拟机"菜单，单击"设置"命令，如图 2.2.40 所示。

图2.2.40　虚拟机设置

在"虚拟机设置"对话框中，单击设备列表中的"网络适配器"，如图 2.2.41 所示。

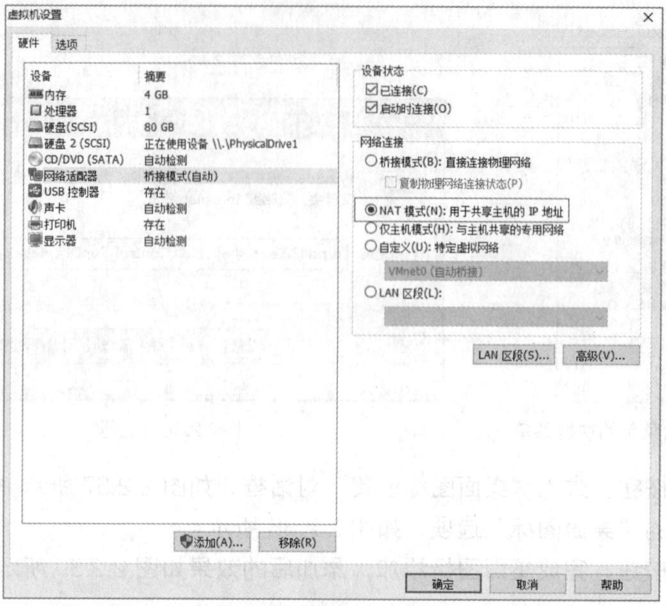

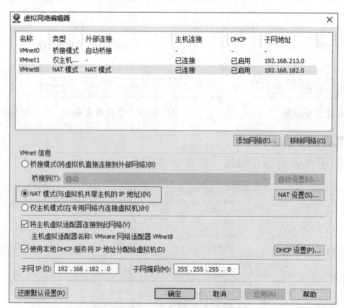

图2.2.41　网络连接设置

选择"NAT 模式"，即虚拟机通过主机的网络上网。

单击"编辑"菜单，选择"虚拟网络编辑器"命令，如图 2.2.42 所示。

在图 2.2.43 所示的"虚拟网络编辑器"中，不但可以看到之前的上网设置信息，也可以直接在这里设置虚拟机上网方式。

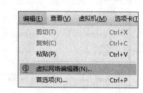

图2.2.42　"编辑"菜单

图2.2.43　虚拟网络编辑器

打开浏览器，在地址栏中输入任意一个可访问的 URL 地址，验证是否能正常上网。如输入地址：http://www.cqvie.edu.cn，然后按回车键，如能打开网页，证明上网设置成功，如图 2.2.44 所示。

图2.2.44　虚拟机上网验证

【任务小结】

本任务主要介绍了虚拟机添加、虚拟机中操作系统安装、VMware Tools 安装、计算机桌面图标添加、虚拟机通过主机上网设置等内容。通过学习，读者能在虚拟机中熟练地进行各种应用操作。

任务拓展——相关知识

1.　虚拟机

虚拟机（Virtual Machine）指通过软件模拟的具有完整硬件系统功能的、运行在一个完全隔离环境中的完整计算机系统。

虚拟系统则是通过生成现有操作系统的全新虚拟镜像，具有真实 Windows 系统完全一样的功能，进入虚拟系统后，所有操作都是在这个全新的独立的虚拟系统里面进行，可以独立安装运行软件，保存数据，拥有自己的独立桌面，不会对真正的系统产生任何影响，而且能够在现有系统与虚拟镜像之间灵活切换。

虚拟系统和传统的虚拟机的不同在于：虚拟系统不会降低计算机的性能，启动虚拟系统不需要像启动 Windows 系统那样耗费时间，运行程序更加方便快捷；虚拟系统只能模拟和现有操作系统相同的环境，而虚拟机则可以模拟出其他种类的操作系统；虚拟机需要模拟底层的硬件指令，所以在应用程序运行速度上比虚拟系统慢得多。

流行的虚拟机软件有 VMware（VMware ACE）、Virtual Box 和 Virtual PC，它们都能在 Windows 系统上虚拟出多个计算机。

2.　虚拟机中的常见概念

① VM（Virtual Machine，虚拟机）——指由 VMware 模拟出来的一台虚拟的计算机，也即

逻辑上的一台计算机。

② Host——指物理存在的计算机，Host 的 OS（操作系统）指 Host 上运行的操作系统。

③ Guest OS——指运行在 VM 上的操作系统。例如在一台安装了 Windows 10 的计算机上安装了 VMware，那么，Host 指的是安装 Windows 10 的这台计算机，Host 的 OS 为 Windows 10。VM 上运行的是 Windows Server 2012，那么 Windows Server 2012 即为 Guest OS。

④ 快照——磁盘"快照"是虚拟机磁盘文件（VMDK）在某个点的副本。系统崩溃或系统异常时，可以通过使用恢复到快照功能来保持磁盘文件系统和系统存储。VMware 快照是 VMware Workstation 里的一个特色功能。

3. VMware Tools

VMware Tools 是 VMware 虚拟机中自带的一种增强工具，是 VMware 提供的增强虚拟显卡和硬盘性能，以及同步虚拟机与主机时钟的驱动程序。只有在 VMware 虚拟机中安装好了 VMware Tools，才能实现主机与虚拟机之间的文件共享，同时它支持自由拖曳的功能，鼠标也可在虚拟机与主机之间自由移动（不用再按 Ctrl+Alt 组合键），且虚拟机屏幕可以全屏显示。

4. 主机中的网络连接

主机安装 VMware Workstation 后，在"网络连接"界面会增加几个带"VMnetX（X 为数字）"的连接，如图 2.2.45 所示。

图2.2.45　网络连接

其作用如下：

① VMware Network Adapter VMnet1：Host 与 Host-Only 虚拟网络进行通信的虚拟网卡；

② VMware Network Adapter VMnet8：Host 与 NAT 虚拟网络进行通信的虚拟网卡。

在图 2.2.43 的"虚拟网络编辑器"名称栏中有三个连接，分别是：

① VMnet0：用于虚拟桥接网络下的虚拟交换机；

② VMnet1：用于虚拟 Host-Only 网络下的虚拟交换机；

③ VMnet8：用于虚拟 NAT 网络下的虚拟交换机。

5. 虚拟机网络连接设置

虚拟机的上网方式通常有三种，分别是桥接模式、NAT 模式和仅主机模式。

（1）桥接模式

"桥（Bridge）"就是一个主机，这个机器拥有两块网卡，分别处于两个局域网中，同时在"桥"上运行着程序。在这种模式下，VMware 虚拟出来的操作系统就像是局域网中的一台独立的主机，它可以访问网内任何一台机器。需要手工为虚拟系统配置 IP 地址、子网掩码，而且要和主机处于同一网段，这样虚拟系统才能和宿主机器进行通信，如主机的 IP 地址为 192.168.0.5，设置虚拟机的 IP 地址为 192.168.0.8，子网掩码、默认网关、DNS 与主机相同即可。

桥接模式适合在局域网，而且网内没有特殊限制的情形下使用，也适合与真实主机或局域网内主机进行网络共享。

（2）NAT 模式

NAT 模式，就是让虚拟系统借助 NAT（网络地址转换）功能，通过主机所在的网络来访问公网。也就是说，使用 NAT 模式可以实现在虚拟系统里访问互联网。NAT 模式下的虚拟系统的 TCP/IP 配置信息是由 VMnet8（NAT）虚拟网络的 DHCP 服务器提供的，无法进行手工修改，因此虚拟系统也就无法和本局域网中的其他真实主机进行通信。采用 NAT 模式最大的优势是虚拟系统接入互联网非常简单，不需要进行任何其他配置，只需要主机能访问互联网即可。这种情况下，主机可以 ping 通虚拟机，虚拟机也能 ping 通主机。

NAT 模式比较适合 ADSL 拨号上网用户或者通过"城市热点 Dr.com"客户端登录上网的用户。主机上网后，虚拟机系统也同时可以上网了。

（3）Host-Only（仅主机）模式

在 Host-Only 模式下，虚拟网络是一个全封闭的网络，它唯一能够访问的就是主机。其实 Host-Only 网络和 NAT 网络很相似，不同的地方就是 Host-Only 网络没有 NAT 服务，所以虚拟网络不能连接到因特网。主机和虚拟机之间的通信是通过 VMware Network Adapter VMnet1 虚拟网卡来实现的。此时如果想要虚拟机上外网，则需要主机联网并且共享网络。

任务拓展——疑难解析

1. 安装系统时，无系统硬盘显示

故障现象：用户在 VMware 中通过 U 盘安装操作系统时，进入 WinPE 界面后，选择目标安装盘时无硬盘驱动器显示，仅有 U 盘盘符显示。

解决办法：出现上述现象可能是由于没有进行硬盘分区，导致硬盘盘符不显示。在 WinPE 桌面打开磁盘分区工具 DiskGenius，对创建的虚拟磁盘进行分区，然后重新进行系统安装即可。

2. 启动 VMware 时，出现"该虚拟机似乎正在使用中"

故障现象：使用 VMware 时，偶尔会出现打开虚拟机时提示："该虚拟机似乎正在使用中。如果该虚拟机未在使用，请单击'获取所有权(T)'按钮，获取它的所有权；否则，请单击'取消(C)'按钮以防损坏。配置文件为 D:\win10x64\Windows 10 x64.vmx"。

解决办法：该故障一般是由于未正常关闭虚拟机导致。第一步，单击"获取所有权(T)"按钮，弹出一个窗口，显示"无法打开虚拟机：D:\win10x64\Windows 10 x64.vmx，获取该虚拟机的所有权失败"。第二步，打开"文件资源管理器"，进入存放 VMware 虚拟机虚拟磁盘文件及配置文件的位置（也就是弹出提示窗口上的路径），找到后缀为".lck"的文件夹。第三步，将后缀为".lck"的文件夹删除，为了避免误删，可以先将文件夹移动到备份文件夹中，也可以直接重命名此文件夹，如将文件夹 Windows 10 x64.vmx.lck 重命名为 Windows 10 x64.vmx.lck.backup。第四步，重新打开虚拟机，问题解决。

3. 在 VMware 中启动虚拟机时弹出"内部错误"提示框

故障现象：在 VMware 软件中启动虚拟机系统时，出现"内部错误"提示。

解决办法：关闭软件，在 VMware Workstation 快捷图标上单击右键，选择"以管理员身份运行"VMware 软件，然后启动虚拟机系统。

任务实践

1. 在 VMware 中安装 Windows 10 操作系统。
2. 以"桥接模式"让虚拟机通过"主机"上网。
3. 通过设置，让虚拟机能访问"主机"共享的文件夹。
4. 将 VMware 中 Windows 10 虚拟机的内存由 2GB 升为 4GB。

3 Chapter

项目 3
DNS 服务器配置与管理

　　用户通过计算机（终端）访问网络上的计算机（服务器）时，本质都是通过输入目标计算机的 IP 地址进行访问的。由于 IP 地址是由 32 位二进制数（IPv4）和 128 位十六进制数（IPv6）组成，用户记忆和输入都特别不便。尽管可以将 32 位 IP 地址转变成点分十进制形式，但仍然不容易让用户记住，于是就产生了域名。由于计算机本身只识别二进制的 IP 地址，因此就产生了 DNS 服务器，负责域名和 IP 地址之间的相互转换。

　　本项目主要介绍 Windows Server 2012 下 DNS 服务器的配置，通过学习，读者能理解域名的结构、工作原理，熟练进行 DNS 主域名服务器和辅助域名服务器的常规配置与管理。

任务 DNS 服务器配置与管理

【任务准备】

- 一台安装有 Windows Server 2012 的计算机;
- 一批需要解析的 IP 地址和域名对应表,具体见表 2-3-1。

表 2-3-1 IP 地址和域名对应表

序　　号	服务器名	域　　名	IP
1	DNS 服务器	dns.zy.com	192.1.168.1.4
2	Web 服务器	www.zy.com	192.1.168.1.5
3	BBS 服务器	bbs.zy.com	192.1.168.1.6
4	FTP 服务器	ftp.zy.com	192.1.168.1.7
5	Mail 服务器	mail.zy.com	192.1.168.1.8

- 网络结构图(见图 2.3.1)和内网 DNS 服务器的 IP 地址信息;

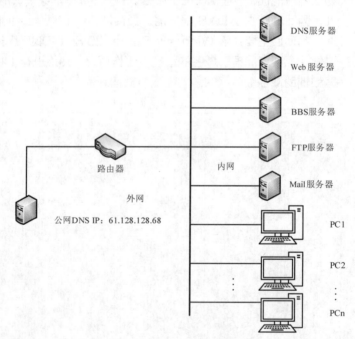

图2.3.1 DNS服务器部署拓扑图

- 有多台能正常接入网络的客户机。

【任务过程】

1. 安装 DNS 服务器

单击任务栏的服务器管理器图标,如图 2.3.2 所示,打开服务器管理器。

图2.3.2　服务器管理器图标

在服务器管理器中，选择"添加角色和功能"，如图 2.3.3 所示。

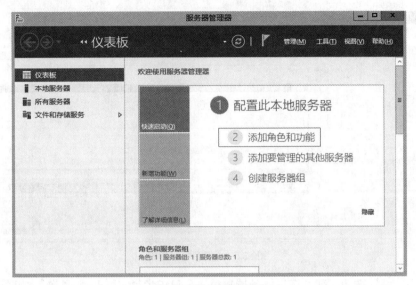

图2.3.3　添加服务器角色

在安装向导对话框中，直接单击"下一步"按钮，进入"安装类型"选择界面，选择"基于角色或基于功能的安装"，然后单击"下一步"按钮，如图 2.3.4 所示。

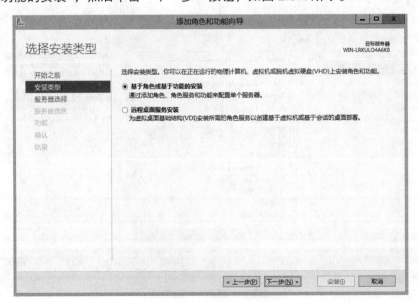

图2.3.4　选择安装类型

选择"从服务器池中选择服务器"，如图 2.3.5 所示。

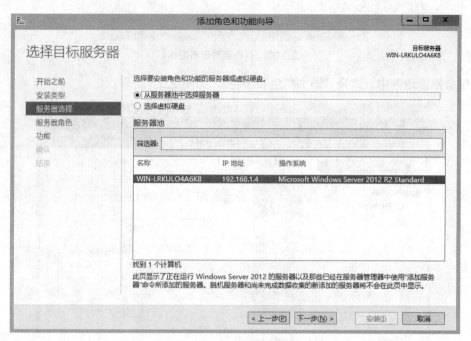

图2.3.5　选择目标服务器

单击"下一步"按钮，在"选择服务器角色"窗口中选择"DNS 服务器"，如图 2.3.6 所示。

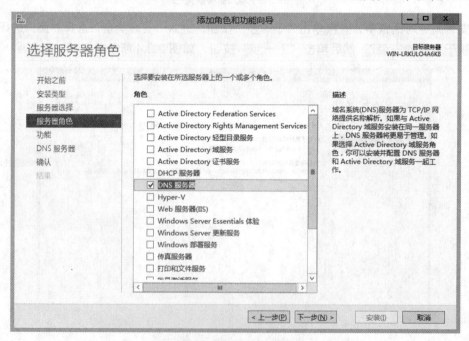

图2.3.6　选择DNS服务器

单击"下一步"按钮，弹出"选择功能"对话框，根据需要选择功能，如图 2.3.7 所示。

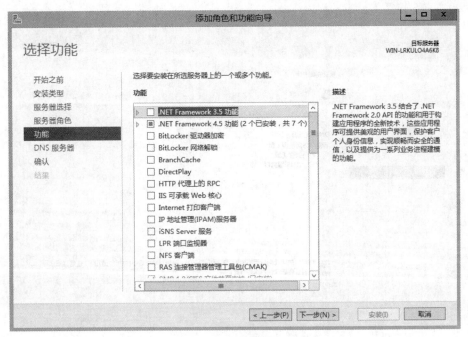

图2.3.7 选择功能

单击"下一步"按钮，确认安装所选内容，如图 2.3.8 所示。

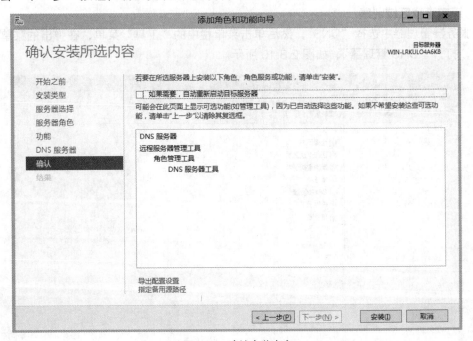

图2.3.8 确认安装内容

单击"安装"按钮，开始 DNS 服务器安装，如图 2.3.9 所示。

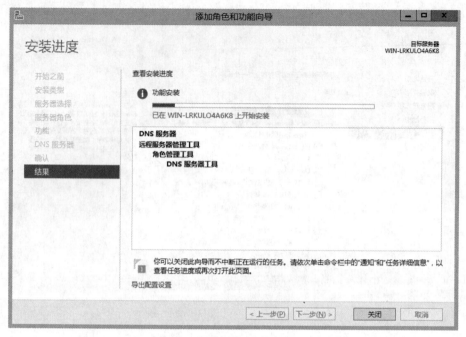

图2.3.9 安装DNS服务器

当安装进度条读完时，单击"关闭"按钮，完成 DNS 服务器安装。

2. 正向查找区域创建

在服务器管理器中选择"DNS"，然后单击菜单栏中的"工具"菜单，在弹出的菜单中选择"DNS"，打开"DNS 管理器"，如图 2.3.10 所示。

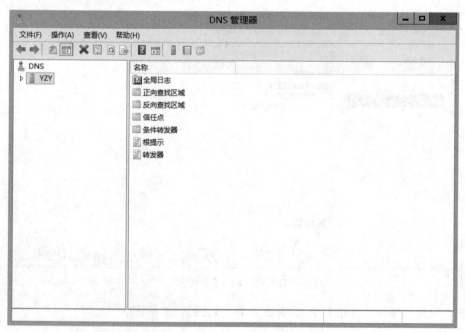

图2.3.10 DNS管理器

　　双击名为"YZY"的服务器，在展开的列表中右键单击"正向查找区域"，在弹出的快捷菜单中选择"新建区域"选项，如图 2.3.11 所示。

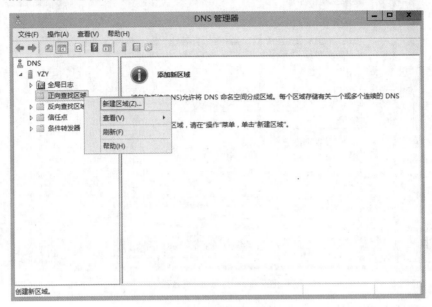

图2.3.11　新建区域

　　进入"欢迎使用新建向导"界面，单击"下一步"按钮，进入创建区域类型选择界面，如图 2.3.12 所示。

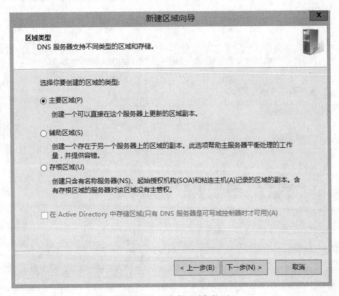

图2.3.12　选择区域类型

　　选择"主要区域"选项，然后单击"下一步"按钮，进入"区域名称"界面，如图 2.3.13 所示。

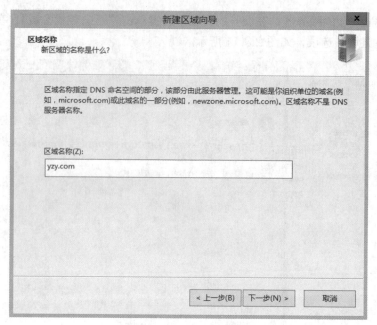

图2.3.13　指定区域名称

在"区域名称"栏输入"yzy.com",然后单击"下一步"按钮,进入创建区域文件界面,如图 2.3.14 所示。

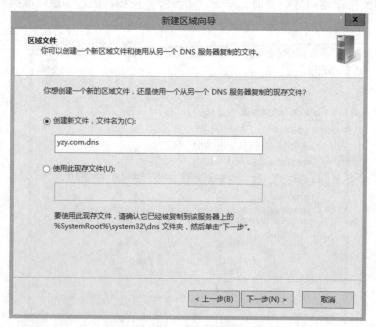

图2.3.14　创建区域文件

系统根据输入的区域名称,自动生成区域文件"yzy.com.dns",单击"下一步"按钮,进入动态更新选择界面,如图 2.3.15 所示。

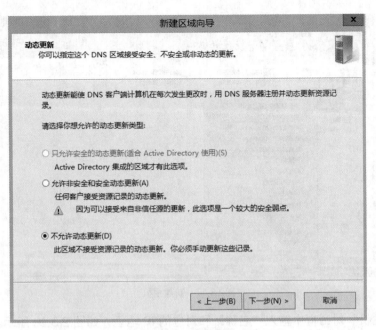

图2.3.15　动态更新

为了安全起见，选择"不允许动态更新"选项，单击"下一步"按钮，如图 2.3.16 所示。

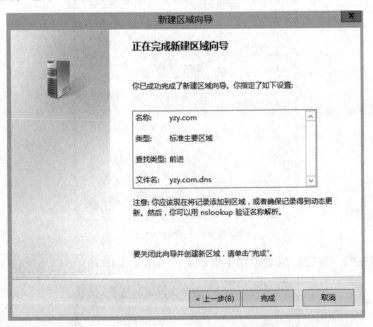

图2.3.16　正向区域创建完毕

单击"完成"按钮，完成正向区域创建。

3. 创建主机

在"DNS 管理器"中，右键单击新建的"yzy.com"区域名，在弹出的快捷菜单中选择"新建主机"，如图 2.3.17 所示。

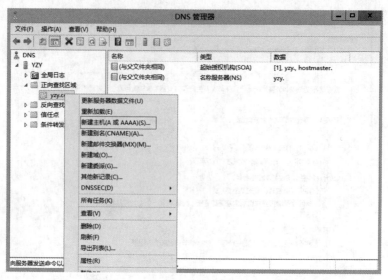

图2.3.17　新建主机

在"新建主机"对话框中输入"名称"和对应的 IP 地址，如图 2.3.18 所示。

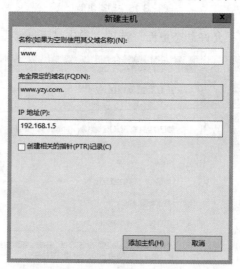

图2.3.18　创建www主机

单击"添加主机"按钮，成功创建主机记录，如图 2.3.19 所示。

图2.3.19　"www.yzy.com"主机记录创建成功

单击"确定"按钮，完成 www.yzy.com 主机记录的创建。

重复上面的步骤，创建 dns.zy.com、bbs.zy.com、ftp.zy.com、mail.zy.com 四个主机，其对应的 IP 地址见表 2-3-1。添加完后的主机记录如图 2.3.20 所示。

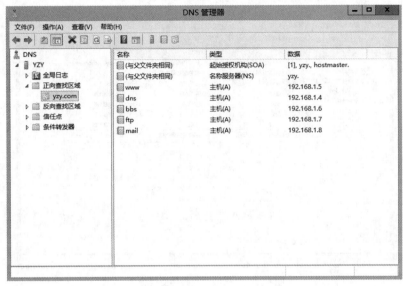

图2.3.20 创建的多个主机记录

4．创建邮件交换器

在图 2.3.17 中，选择"创建邮件交换器"选项，弹出"新建资源记录"对话框，如图 2.3.21 所示。

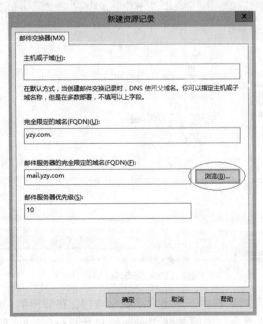

图2.3.21 新建邮件交换记录

在图 2.3.21 中，单击"浏览"按钮，找到区域中创建的邮件服务器主机（mail.yzy.com）。根据需要设置优先级，数字越小，优先级越高，然后单击"确定"按钮，完成邮件交换记录创建，如图 2.3.22 所示。

图2.3.22　已创建的邮件交换记录

5. 转发器设置

在图 2.3.22 中，单击 DNS 服务器名"YZY"，然后右键单击右列窗格中名为"转发器"的文件，如图 2.3.23 所示。

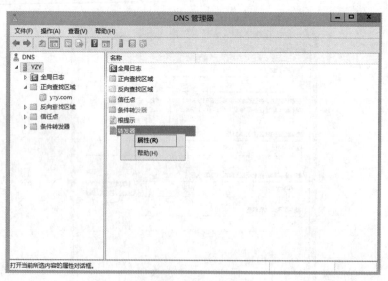

图2.3.23　DNS转发器设置

在弹出的"YZY 属性"对话框中，单击"编辑"按钮，在弹出的"编辑转发器"对话框中输入转发服务器的 IP 地址。本文的转发服务器 IP 地址选择的是外网 DNS 服务器的地址，如图 2.3.24 所示。

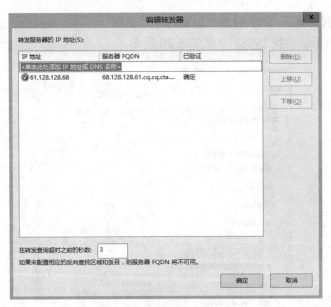

图2.3.24　添加转发服务器IP地址

单击"确定"按钮，回到"YZY 属性"对话框，可看到添加的转发器信息，如图 2.3.25 所示。

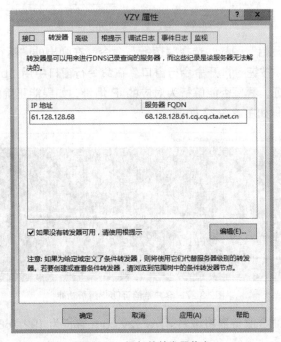

图2.3.25　添加的转发器信息

单击"应用"|"确定"按钮，完成转发器添加。

6. 客户端设置与 DNS 服务器功能测试

DNS 服务器配置完成后，需要对客户机进行 DNS 设置，才能实现客户机的域名通过本 DNS

服务器进行解析。客户机的 DNS 设置可以通过手动和自动两种方式实现。这里通过手动方式为 Windows 10 客户机手动设置 DNS，如图 2.3.26 所示。

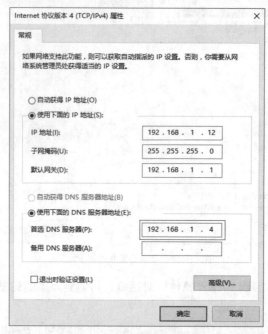

图2.3.26　客户机IP地址和DNS信息

右键单击客户机"开始"图标，选择"运行"命令，在弹出的"运行"窗口中输入"CMD"命令，然后单击"确定"按钮，打开命令行窗口。在命令行窗口中用"ping+DNS 服务器主机列表中的主机名"进行验证，看是否能解析为对应的 IP 地址，如果能正确解析，证明 DNS 服务器配置成功。具体验证过程如图 2.3.27 所示。

图2.3.27　客户端验证DNS解析功能

从运行结果来看，DNS 服务器将域名 www.yzy.com 解析为 192.168.0.5，说明 DNS 能正常解析域名。

【任务小结】

本任务主要介绍了域名服务器组件的添加、域名服务器正向解析区域建立、主机记录添加、邮件交换记录添加、转发器设置、客户端 DNS 设置及 DNS 服务器解析功能验证等。

任务拓展——相关知识

1. DNS

DNS（Domain Name System，域名系统）作为因特网上域名和 IP 地址相互映射的一个分布式数据库，能够使用户更方便地访问互联网，而不用去记忆能够被机器直接读取的 IP 数字串。通过主机名，最终得到该主机名对应的 IP 地址的过程叫作域名解析（或主机名解析）。

域名服务器负责控制本地数据库中的名字解析。DNS 的数据库结构形成一个倒立的树状结构，树的每一个节点都表示整个分布式数据库中的一个分区（域），每个域可再进一步划分成子分区（域），如图 2.3.28 所示。每一个节点有一个至多 63 个字符长的标识，命名标识中一律不区分大小写。节点的域名是从根到当前域所经过的所有节点的标记名，从右到左排列，并用"."分割。域名树上的每一个节点必须有唯一的域名。每个域名对应一个 IP 地址，但一个 IP 地址可以对应多个域名。

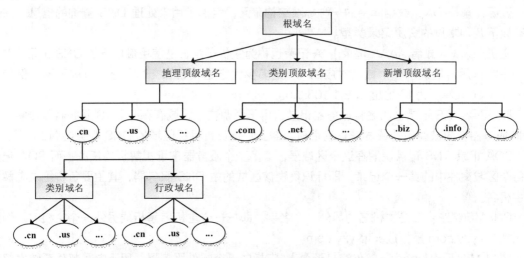

图2.3.28　域名层次结构

一个域名服务器可以管理一个域，也可以管理多个域。通常在一个域中可能有多个域名服务器，域名服务器有以下几种类型。

主域名服务器（primary name server）：负责维护这个区域的所有域名信息，是特定域所有信息的权威性源。一个域有且只有一个主域名服务器，它从域管理员构造的本地磁盘文件中加载域信息，该文件包含着服务器具有管理权的一部分域结构的最精确信息。主域名服务器是一种权威性服务器，因为它以绝对的权威去回答对本域的任何查询。

辅助域名服务器（secondary name server）：当主域名服务器关闭、出现故障或负载过重时，辅助域名服务器作为备份服务器提供域名解析服务。辅助域名服务器从主域名服务器获得授权，并定期向主域名服务器询问是否有新数据，如果有则调入并更新域名解析数据，以达到与主域名服务器同步的目的。辅助域名服务器是所有域信息的完整拷贝，可以权威地回答对该域的查询。因此，辅助域名服务器也被称作权威性服务器。

缓存域名服务器（caching-only server）：可运行域名服务器软件，但是并没有域数据库。

它从某个远程服务器取得每次域名服务器查询的应答，一旦取得一个答案，就将答案放在一个高速缓存中，以后查询相同的信息时就用这个答案予以回答。缓存域名服务器不是权威性服务器，因为它提供的所有信息都是间接信息。

转发域名服务器（forwarding server）：负责所有非本地域名的本地查询。转发域名服务器接到查询请求时，在其缓存中查找，如找不到就把请求依次转发到指定的域名服务器，直到查询到结果为止，否则返回无法映射的结果。

2. 正向查找区域

正向查找区域就是我们通常所说的域名解析，即正向解析，其功能是将域名转换成 IP 地址。

3. 反向查找区域

反向查找区域就是通常所说的反向解析，是将 IP 地址转换成域名。反向解析时要用到反向域名，顶级反向域名为 "in-addr.arpa"，例如一个 IP 地址为 200.20.100.10 的主机，它所在域的反向域名是 100.20.200.in-addr.arpa。

4. 资源记录

资源记录是 DNS 数据库中的一种标准结构单元，包含了用来处理 DNS 查询的信息。DNS 中有以下几种常见的资源记录类型。

主机记录（A 或者 AAAA 记录）：A 记录也称为主机记录，是使用最广泛的 DNS 记录。A 记录的基本作用就是说明一个域名对应的 IP 是多少，它是域名和 IP 地址的对应关系。例如：www.yzy.com 解析为 IP 地址 192.1.168.1.5。

NS 记录：NS 记录也叫名称服务器记录，用于说明这个区域有哪些 DNS 服务器负责解析。DNS 服务器在向被委派的域发送查询之前，需要查询负责目标区域的 DNS 服务器 NS 记录。

SOA 记录：NS 记录说明在这个区域里，有多少个服务器来承担解析的任务，而 SOA 记录是每个区域文件中的第一个记录，即标识负责该区域的主 DNS 服务器，其主要负责把域名解析为主机名。

CNAME 记录：它是主机名的另外一个名字，即把一个主机名解析成另外一个主机名。例如可以把 ftp.yzy.com 解析成 xftp.yzy.com。

MX（Mail Exchanger，邮件交换记录）：它指向一个邮件服务器，用于电子邮件系统发邮件时，根据收信人的地址后缀来定位邮件服务器。比如 A 用户向 B 用户发送一封邮件，那么他需要向 DNS 查询 B 用户的 MX 记录，DNS 在定位到了 B 用户的 MX 记录后反馈给 A 用户，A 用户再把邮件投递到 B 用户的 MX 记录服务器里。

任务拓展——疑难解析

1. 计算机无法访问目标网站

故障现象：用户无法访问互联网或关键应用，网络看似已经"宕"掉。

解决办法：如果通过域名无法访问，可以尝试通过 IP 地址进行访问。通常通过 "nslookup" 来判断是否真的是 DNS 错误引起的。具体判断步骤如下：

① 检查客户端计算机域名服务器 IP 地址设置是否正确。

② 在"开始"菜单中打开"运行"窗口，输入"CMD"命令，单击"确定"按钮。

③ 在命令行窗口中输入"nslookup"命令，然后按回车键，进入 DNS 解析查询界面。

④ 命令行窗口中会显示出当前系统所使用的 DNS 服务器地址，例如 61.128.128.68。

⑤ 接下来输入你无法访问的站点对应的域名。如果不能访问的话，则表明 DNS 解析应该是不能够正常进行，将会收到 DNS request timed out, timeout was 2 seconds 的提示信息，说明我们的计算机确实出现了 DNS 解析故障。

⑥ 检查 DNS 服务器的工作状态。

2. 修复 DNS 故障的常见做法

① 对网络连接情况进行验证；

② 确定问题波及的范围；

③ 确认是否所有用户都受到影响；

④ 确认 DNS 服务器上是否运行了负载均衡处理技术；

⑤ 对 DNS 服务器转发器进行检查；

⑥ 尝试利用一台主机进行 ping 测试；

⑦ 使用 "nslookup" 查询域名；

⑧ 尝试使用一台备用 DNS 服务器；

⑨ 扫描病毒；

⑩ 重新启动 DNS 服务器。

任务实践

1. 简述 DNS 服务器的工作过程。
2. 配置一个反向解析区域，实现域名服务器的反向解析功能。
3. 配置一台 DNS 辅助域名服务器。
4. 如何通过命令方式刷新 DNS 解析缓存？

4 Chapter

项目 4
DHCP 服务器配置与管理

网络中计算机获取 IP 地址主要有自动获取 IP（DHCP）和手动设置 IP 两种方式。为了便于网络集中管理、节省 IP 地址资源和提高工作效率，通常在局域网中通过搭建 DHCP 服务器，实现计算机 IP 地址的自动获取。本项目基于工作过程，以实际案例介绍 DHCP 的工作原理，服务器的安装、配置、管理和验证，以及在网络中架设和管理 DHCP 服务器。

任务 1 | DHCP 服务器安装

【任务准备】

- 一台已经安装好 Windows Server 2012 的计算机；
- Windows Server 2012 安装源文件。

【任务过程】

单击 Windows Server 2012 任务栏的服务器管理器图标，打开"服务器管理器"窗口并单击"管理"菜单，进入"添加角色和功能向导"界面，如图 2.4.1 所示。

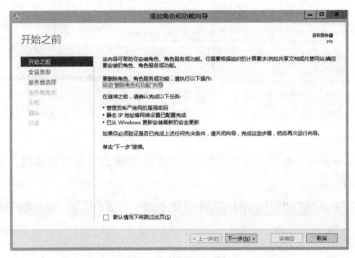

图2.4.1　添加DHCP向导

单击"下一步"按钮，进入安装类型选择界面，如图 2.4.2 所示。

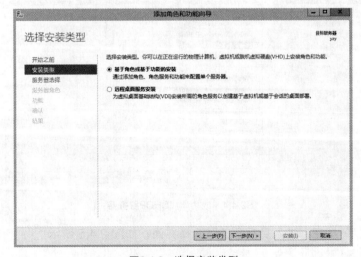

图2.4.2　选择安装类型

选择"基于角色或基于功能的安装"选项，然后单击"下一步"，进入服务器角色选择界面，如图 2.4.3 所示。

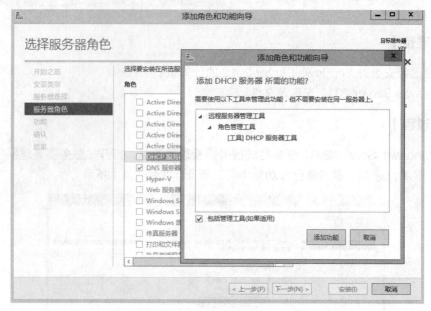

图2.4.3 选择服务器角色

选择"DHCP 服务器"选项，弹出添加 DHCP 服务器功能询问对话框，单击"添加功能"按钮，如图 2.4.4 所示。

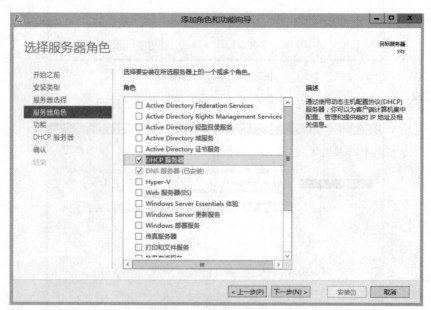

图2.4.4 成功添加DHCP服务器

单击"下一步"按钮，进入目标服务器选择界面，如图 2.4.5 所示。

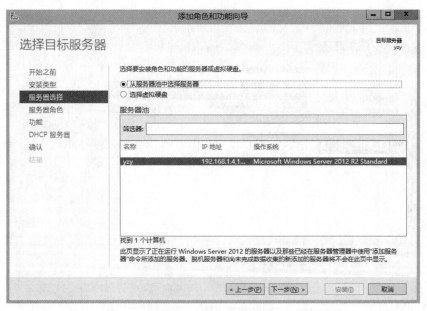

图2.4.5　选择目标服务器

选择"从服务器池中选择服务器",然后单击"下一步"按钮,如图 2.4.6 所示。

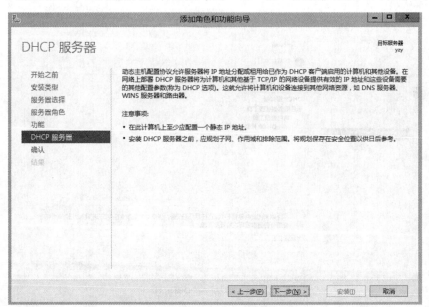

图2.4.6　DHCP服务功能和注意事项

单击"下一步"按钮,进入到安装内容确认界面,如图 2.4.7 所示。

单击"安装"按钮,开始 DHCP 服务器的安装,如图 2.4.8 所示。

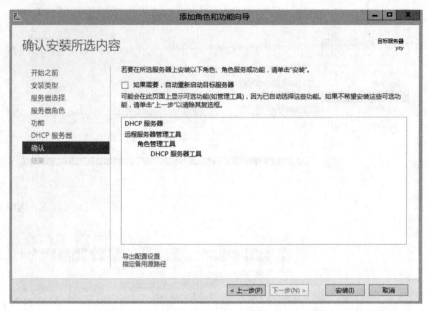

图2.4.7 安装内容确认

图2.4.8 安装DHCP服务器

当功能安装完毕后，单击"关闭"按钮，完成 DHCP 服务器的安装。在服务器管理器中可以发现刚刚安装的 DHCP 服务器，如图 2.4.9 所示。

【任务小结】

本任务主要介绍了如何在 Windows Server 2012 中安装 DHCP 服务器，通过学习，可以掌握各种服务器版 Windows 操作系统中 DHCP 服务器的安装方法。

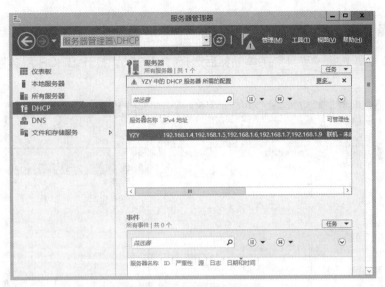

图2.4.9　安装的DHCP服务器

任务 2　DHCP 服务器配置

【任务准备】

- 一台已经安装好了 DHCP 服务器组件的计算机；
- 一份已经规划好的网络拓扑方案，如图 2.4.10 所示。

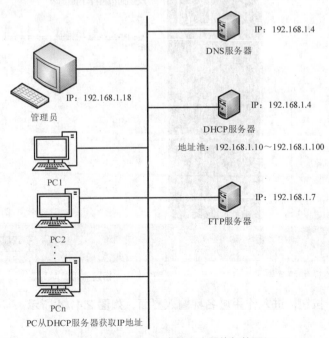

图2.4.10　DHCP服务器所在网络拓扑图

【任务过程】

在图 2.4.9 中，选择"工具"菜单，然后选择"DHCP"，打开 DHCP 服务器配置窗口，如图 2.4.11 所示。

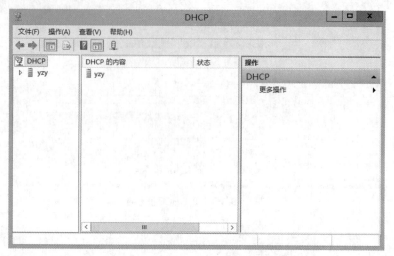

图2.4.11　DHCP服务器配置控制台

右键单击名为"YZY"的 DHCP 服务器，然后选择"新建作用域"，如图 2.4.12 所示。进入"新建作用域向导"界面，如图 2.4.13 所示。

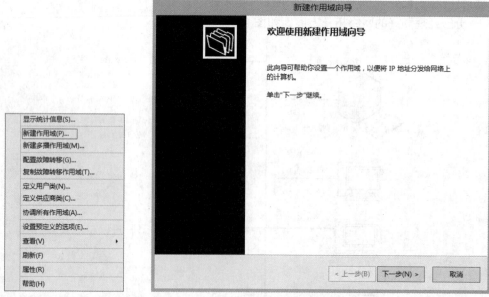

图2.4.12　"新建作用域"快捷菜单　　　　图2.4.13　新建作用域向导

单击"下一步"按钮，进入作用域名称输入界面，如图 2.4.14 所示。

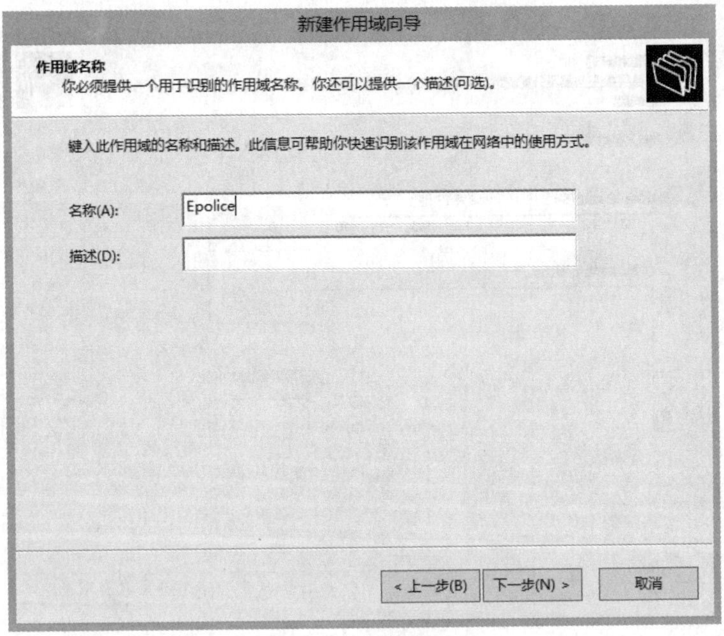

图2.4.14　作用域名称

　　根据创建者的需要，输入"作用域"的名称和描述信息，主要起到一个标识的作用，对整个配置并无影响。如这里输入作用域名为"Epolice"，描述信息无。单击"下一步"按钮，进入到作用域 IP 地址范围输入界面，如图 2.4.15 所示。

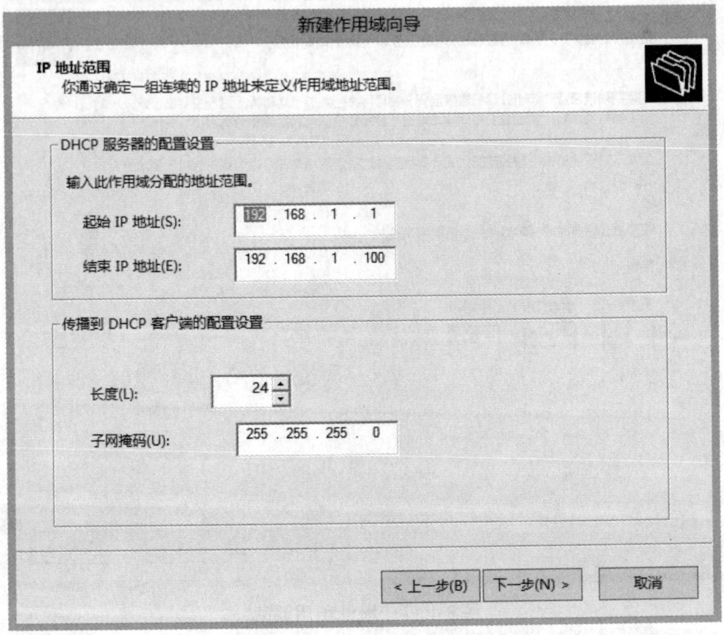

图2.4.15　作用域IP地址范围

　　输入规划好的 IP 地址范围后，单击"下一步"按钮，进入到"排除和延迟"IP 地址范围设置界面，如图 2.4.16 所示。

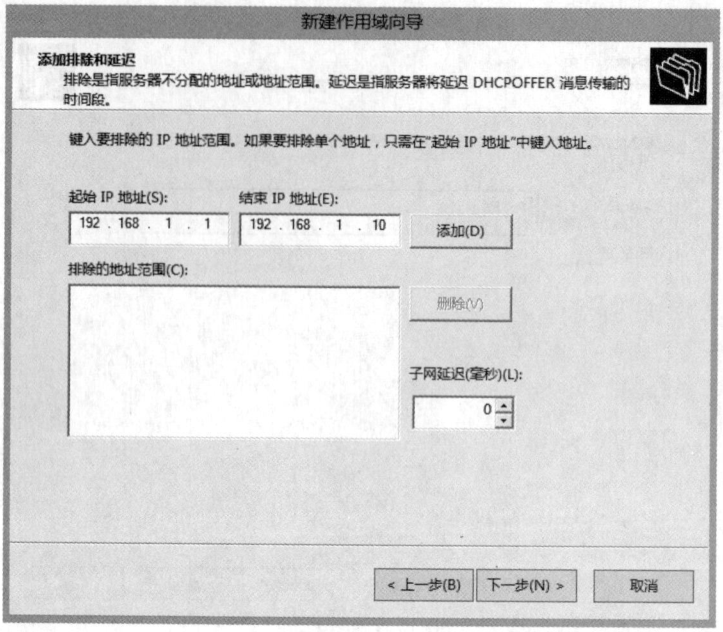

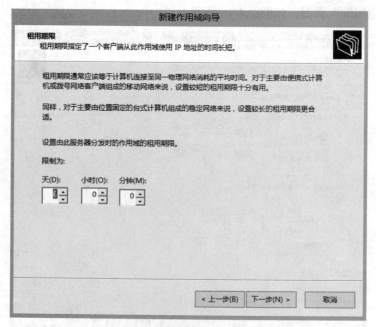

图2.4.16　IP地址排除范围

　　根据规划输入需要排除的 IP 地址范围，然后单击"下一步"按钮，进入到"租用期限"设置界面，如图 2.4.17 所示。

图2.4.17　地址租用期限

　　租用期限默认为 8 天，如果不需修改，直接单击"下一步"按钮，进入到"配置 DHCP 选项"询问界面，如图 2.4.18 所示。

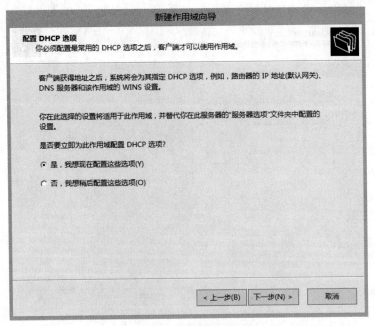

图2.4.18　配置DHCP选项

　　根据需要选择现在配置，还是稍后配置，这里选择"是，我想现在配置这些选项"，然后单击"下一步"按钮，进入路由器设置界面，如图 2.4.19 所示。

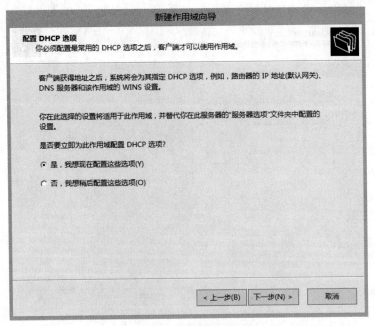

图2.4.19　默认网关设置

　　输入预先规划的默认网关"192.168.1.1"，然后单击"添加"按钮，将地址添加到地址列表中，如图 2.4.20 所示。

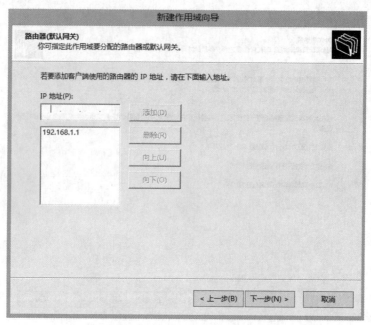

图2.4.20　添加默认网关地址

单击"下一步"按钮，进入"域名称和 DNS 服务器"设置界面，如图 2.4.21 所示。

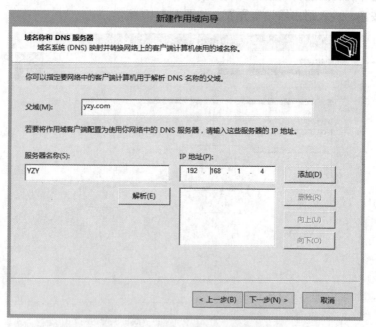

图2.4.21　域名称和DNS服务器设置

输入项目 3 中建立的父域名称，然后输入 DNS 服务器名称，单击"解析"按钮，系统将进行 DNS 验证，如图 2.4.22 所示。

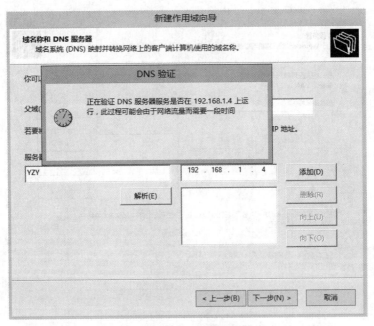

图2.4.22　DNS验证

当输入的 DNS 服务器及地址通过验证后，单击"添加"按钮，将 IP 地址信息添加到列表框中，如图 2.4.23 所示。

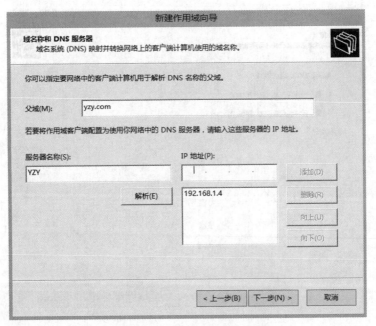

图2.4.23　域名称和DNS服务器设置

单击"下一步"按钮，进入到"WINS 服务器"设置界面，如图 2.4.24 所示。

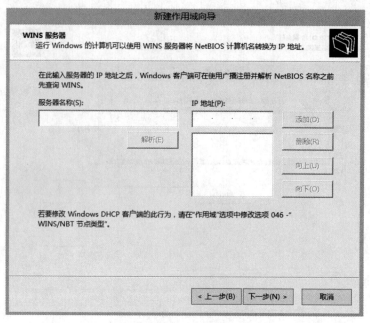

图2.4.24　WINS服务器设置

根据需要设置 WINS 服务器。在此不设置，直接单击"下一步"按钮，进入到"激活作用域"提示界面，如图 2.4.25 所示。

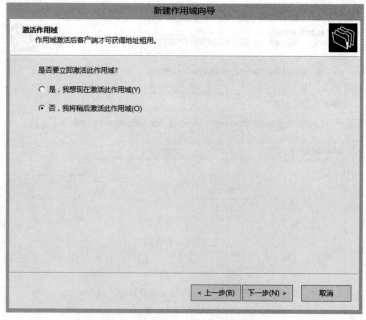

图2.4.25　激活作用域

可以选择现在激活，也可以选择稍后激活，这里选择"否，我将稍后激活此作用域"选项，单击"下一步"按钮，如图 2.4.26 所示。

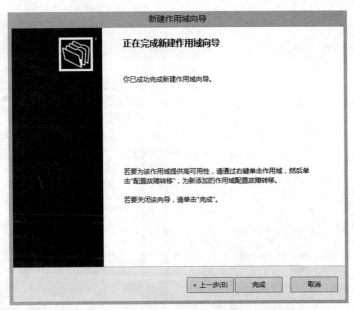

图2.4.26　作用域创建完成

单击"完成"按钮，完成作用域创建。新建作用域如图 2.4.27 所示。

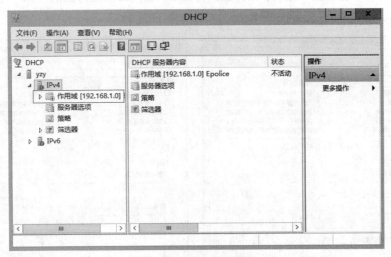

图2.4.27　新建的作用域

右键单击"作用域"展开列表中的"作用域选项"，选择快捷菜单中的"配置选项"，如图 2.4.28 所示。

进入"服务器选项"对话框，如图 2.4.29 所示。

选择"003 路由器"选项，进入路由或者默认网关设置。本书网络中的路由器 IP 地址为：192.168.1.1(用户根据自己的网络设置情况，输入相应地址)，然后单击"添加"按钮，如图 2.4.30 所示。

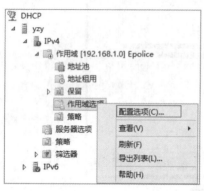

图2.4.28　配置选项

图2.4.29　服务器选项

选择"006 DNS 服务器"选项，在弹出的界面中，输入域名服务器的名称"YZY"，单击"解析"按钮，解析出 DNS 服务器的 IP 地址，如图 2.4.31 所示。

图2.4.30　003路由器添加

图2.4.31　服务器配置选项——域名解析

单击"添加"按钮，然后单击"应用"|"确定"按钮，完成服务器选项配置，如图 2.4.32 所示。

展开"作用域"列表，右键单击"保留"选项，在弹出的快捷菜单中选择"新建保留"命令，将不通过 DHCP 自动分配的 IP 地址保留下来，如图 2.4.33 所示。

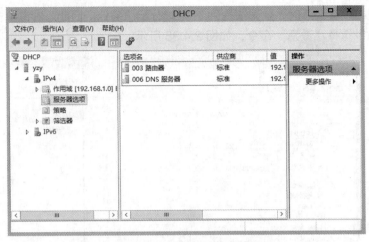

图2.4.32 服务器选项配置完成

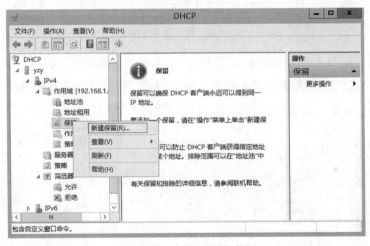

图2.4.33 选择"新建保留"

输入要保留的 IP 地址及 IP 地址要分配的计算机的 MAC 地址（网卡物理地址）等相关信息，如图 2.4.34 所示。

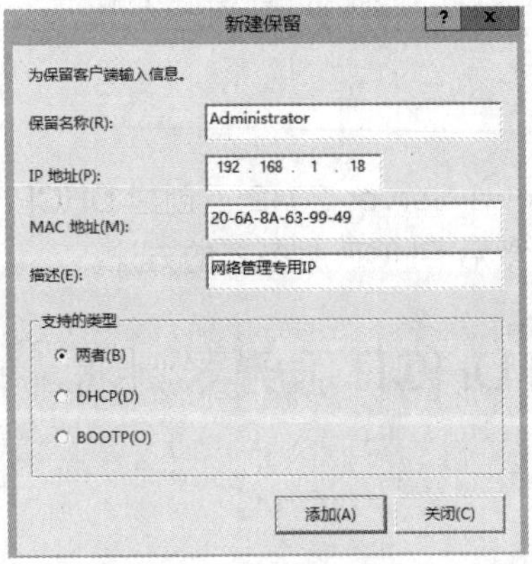

图2.4.34 新建保留

新建作用域在没有激活时，是无法提供 IP 地址分配服务的。因此，右键单击"作用域"，从弹出的快捷菜单中选择"激活"命令，如图 2.4.35 所示。

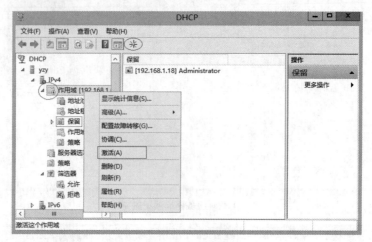

图2.4.35　选择激活作用域

激活的作用域如图 2.4.36 所示。

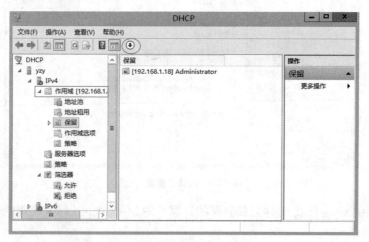

图2.4.36　已激活作用域

【任务小结】

本任务主要介绍了在 Windows Server 2012 下创建 DHCP 作用域、保留地址配置、配置路由和 DNS 等服务器选项，以及激活 DHCP 服务器的方法。

任务 3　客户端设置和 DHCP 服务器测试

【任务准备】

- 一台能提供 IP 自动分配的 DHCP 服务器；

- 一批接入 DHCP 服务网络且需要自动获取 IP 地址的计算机。

【任务过程】

1. 客户端设置

打开需要自动分配 IP 计算机的本地连接，进入到"本地连接"对话框，如图 2.4.37 所示。双击"Internet 协议版本 4（TCP/IPv4）"，弹出 IP 设置对话框，如图 2.4.38 所示。

图2.4.37 "本地连接"属性

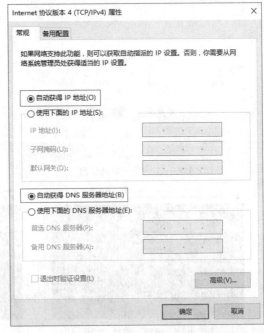

图2.4.38 IP和DNS获取方式设置

选择"自动获得 IP 地址"和"自动获得 DNS 服务器地址"，然后单击"确定"按钮，完成客户端设置。

2. DHCP 分配地址验证

验证客户机是否能正确从服务器获取 IP 地址的方法主要有两种：一种是通过"本地连接"查看计算机的 IP 地址信息，另一种是在命令提示窗口输入"ipconfig/all"命令查看计算机的 IP 地址信息。

单击"本地连接"名称，打开"本地连接状态"界面，如图 2.4.39 所示。

单击"详细信息"按钮，弹出本计算机的 IP 地址详细信息，如图 2.4.40 所示。

从图 2.4.40 可以发现，客户机能从 DHCP 服务器正确获取 IP 地址和 DNS 等信息。

通过计算机桌面的"开始"菜单，打开命令行窗口，在窗口中输入"ipconfig/release"命令，释放掉计算机已获取的 IP 地址信息，如图 2.4.41 所示。

从图 2.4.41 可以发现，计算机的 IP 地址、DNS、默认网关地址均被释放掉，此时在命令行窗口输入"ipconfig/renew"命令，申请 DHCP 服务器重新分配 IP 地址信息，如图 2.4.42 所示。

图2.4.39　本地连接状态信息

图2.4.40　网络连接详细信息

图2.4.41　释放计算机的IP地址

图2.4.42　重新获得IP地址

3. DHCP 数据库备份和还原

当我们配置完一台 DHCP 服务器后，系统会生成一个存储着配置数据的数据库，包括 IP 地址、作用域、出租地址、保留地址和配置选项等，系统默认将该数据库保存在"C:\Windows\System32\dhcp"文件夹中，其中 dhcp.mdb 是数据库文件，其他为相关辅助配置文件，如图 2.4.43 所示。DHCP 服务器默认每 60 分钟备份一次 DHCP 数据库文件到 backup 文件夹中，管理员可以根据需要将该数据库备份到任何地方。

图2.4.43　DHCP文件保存路径

将 DHCP 服务器上的数据库进行备份，备份至自定义的地方，方法如图 2.4.44 所示。

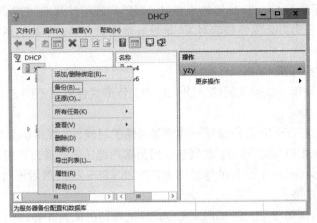

图2.4.44 DHCP数据库备份

当 DHCP 服务器发生故障或者误操作导致数据丢失时，管理员在一台新的 DHCP 服务器上安装 DHCP 服务后，可以将备份的 DHCP 数据库拷贝至新服务器，然后在图 2.4.44 中选择"还原"功能，将 DHCP 数据库还原，即可以快速恢复 DHCP 服务。

【任务小结】

本任务主要介绍了如何设置 DHCP 客户端计算机的地址信息、DHCP 服务功能验证，以及 DHCP 服务备份与还原。

任务拓展——相关知识

1. DHCP 介绍

DHCP（Dynamic Host Configuration Protocol，动态主机配置协议）是一个局域网的网络协议，使用 UDP 协议工作。DHCP 服务器对网络中的 IP 地址进行自动动态分配，旨在通过服务器集中管理网络上使用的 IP 地址和其他相关配置的详细信息，以减少管理地址配置的复杂性。

DHCP 的前身是 BOOTP。BOOTP 原本用于无磁盘网络主机使用 BOOT ROM，而不是磁盘启动并连接上网，BOOTP 可以自动地为那些主机设定 TCP/IP 环境。但 BOOTP 有一个缺点：在设定前需事先获得客户端的硬件地址，而且与 IP 的对应是静态的。换而言之，BOOTP 缺乏"动态性"，若在有限的 IP 资源环境中，BOOTP 的一一对应会造成非常大的浪费。

DHCP 分为两个部分：服务器端和客户端。所有的 IP 地址信息都由 DHCP 服务器集中管理，并负责处理客户端的 DHCP 请求；客户端使用服务器分配的 IP 环境资料。DHCP 透过"租用"的概念有效且动态地分配客户端的 IP 地址。

2. 计算机获取 IP 地址的方式

通常情况下，计算机获得 IP 地址的方式有两种，一种是手动设置 IP 地址，这种方式需要给网络中每台终端分配 IP 地址及相应的选项（如子网掩码、网关、DNS 等），该方式一般用于机房管理或者机器较少的局域网。由于每台终端都设计了对应的 IP 地址，当计算机出现故障时能快速定位到故障机，但手动设置工作量大，容易出现失误，造成 IP 地址冲突。另一种是自动设置 IP 地址，它是利用具有 DHCP 功能的服务器，使客户端能够从 DHCP 服务器动态获取 IP 地址，该方式一般用于公司办公网络或者对 IP 地址与终端对应要求不高的环境，以减少管理员维护量和避免 IP 地址冲突。

3. DHCP 的工作原理

区别于客户端是否第一次登录网络，DHCP 的工作形式会有所不同。

（1）第一次登录

① 寻找服务器。当 DHCP 客户端第一次登录网络的时候，发现本机上没有任何 IP 资料，它会向网络发出一个 DHCPDISCOVER 数据包。因为客户端还不知道自己属于哪一个网络，所以数据包的来源地址会为 0.0.0.0，而目的地址则为 255.255.255.255，然后再附上 DHCPDISCOVER 的信息，向网络进行广播。

在 Windows 的默认情形下，DHCPDISCOVER 的等待时间为 1 秒，也就是当客户端将第一个 DHCPDISCOVER 数据包送出去之后，在 1 秒之内没有得到回应的话，就会进行第二次 DHCPDISCOVER 广播。若一直得不到回应，客户端一共会进行四次 DHCPDISCOVER 广播（包括第一次在内），除了第一次会等待 1 秒之外，其余三次的等待时间分别是 9 秒、13 秒、16 秒。如果都没有得到 DHCP 服务器的回应，客户端则会显示错误信息，宣告 DHCPDISCOVER 的失败。之后，基于使用者的选择，系统会继续在 5 分钟之后再重复一次 DHCPDISCOVER 的过程。

② 提供 IP 租用地址。当 DHCP 服务器监听到客户端发出的 DHCPDISCOVER 广播后，它会从那些还没有租用出去的地址范围内，选择最前面的空置 IP，连同其他 TCP/IP 设置，回应给客户端一个 DHCPOFFER 数据包。

由于客户端在开始的时候还没有 IP 地址，所以在其 DHCPDISCOVER 数据包内会带有其 MAC 地址信息，并且有一个 XID 编号来辨别该数据包。DHCP 服务器回应的 DHCPOFFER 数据包则会根据这些资料传递给要求租用 IP 地址的客户。根据服务器端的设置，DHCPOFFER 数据包会包含一个租用期限的信息。

③ 接受 IP 地址租用。如果客户端收到网络上多台 DHCP 服务器的回应，只会挑选其中一个 DHCPOFFER（通常是最先抵达的那个），并且会向网络发送一个 DHCPREQUEST 广播数据包，告诉所有 DHCP 服务器，它将接受哪一台服务器提供的 IP 地址。

同时，客户端还会向网络发送一个 ARP 数据包，查询网络上有没有其他机器使用该 IP 地址；如果发现该 IP 已经被占用，客户端则会发送一个 DHCPDECLINE 数据包给 DHCP 服务器，拒绝接受其 DHCPOFFER，并重新发送 DHCPDISCOVER 信息。

④ IP 地址租用确认。当 DHCP 服务器接收到客户端的 DHCPREQUEST 之后，会向客户端发出一个 DHCPACK 响应，以确认 IP 地址租用的正式生效，也就结束了一个完整的 DHCP 工作过程，如图 2.4.45 所示。

（2）非第一次登录

一旦 DHCP 客户端成功地从 DHCP 服务器那里取得 IP 地址租用之后，除非其租用已经失效，并且 IP 地址也重新设定回 0.0.0.0，否则就无须再发送 DHCPDISCOVER 信息，而会直接使用已经租用到的 IP 地址向之前的 DHCP 服务器发出 DHCPREQUEST 信息，DHCP 服务器会尽量让客户端使用原来的 IP 地址。如果没问题的话，直接响应 DHCPACK 确认则可。如果该地址已经失效或已经被其他机器使用，服务器则会响应一个 DHCPNACK 数据包给客户端，要求其重新执行 DHCPDISCOVER。

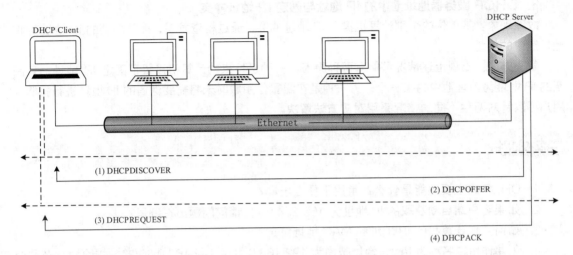

图2.4.45   DHCP的工作流程

4. 作用域

作用域是 DHCP 服务器为客户端计算机分配 IP 地址的重要功能，主要用于设置分配的 IP 地址范围、需要排除的 IP 地址、IP 地址租用期限等信息。

任务拓展——疑难解析

1. 客户机无法获得 IP 地址

故障现象：客户机不能正常上网，系统提示无法从 DHCP 服务器获得 IP 地址。检查网卡后，发现网卡无问题，但是仍不能获得 IP 地址。

解决办法：出现上述故障现象，可能由以下几个方面引起：第一，DHCP 服务器可能缺乏可用的 IP 地址；第二，服务器的 DHCP 服务可能关闭；第三，终端设备使用了静态 IP 地址，而不是自动获得 IP 地址；第四，终端设备的 DHCP 请求没有传送给服务器。在为 VLAN 配置一个新设备时，这种问题常常发生，此时并没有设置 VLAN 将 DHCP 请求转发给 DHCP 服务器。

解决办法：这种故障仅限于某个用户或多个用户都受到影响。如果仅有一个用户受到影响，第一步，检查网卡的设置，确保它使用了 DHCP 服务；第二步，检查交换机，看一下端口、VLAN，看其是否配置了 VLAN 成员，检查这个 VLAN 上的其他设备是否可以获得 IP 地址。如果这些设备都无法获得地址，问题可能是由于路由器没有将 DHCP 请求转发给 DHCP 服务器造成的。如果多个子网上的多台设备都有这个问题，可能是服务器自身造成的。服务器可能并没有运行 DHCP 服务，或者它没有足够的 IP 地址可供分配。

2. 某单位新添加的客户机无法正常获取 IP 地址

故障现象：某单位新添加的客户机无法连接到网络，通过检查发现计算机已获取到 DHCP 分配的 IP 地址。

解决办法：如果只是新添加的客户机不能获取 IP 地址，首先应检查客户机的设置是否正确，如果正确，可能问题出在 DHCP 服务器端。造成此种情况的最大可能是 DHCP 服务器 IP 地址已经分配完毕，此时可通过缩短 IP 地址的租用期限或通过扩大地址池的范围来解决。

3. DHCP 服务器地址池中的 IP 地址与固定 IP 地址冲突

故障现象：某单位的个别计算机提示 IP 地址冲突，通过检查发现，提示冲突的 IP 地址为 IP 地址池中的地址。

解决办法：出现上述情况可能有两种原因：一种是外来的计算机设置了固定 IP 地址，且固定的 IP 地址为地址池中的某一个；另一种是在配置作用域时未将需要保留的 IP 地址进行排除。用户可以针对两种不同的情况采用对应方法解决。

任务实践

1. DHCP 的主要功能是什么？常用于什么场景？

2. 如果客户端自动获取的 IP 地址为 169.254.x.x，请问问题出在哪里？

3. 如何实现计算机的 IP 地址和 MAC 地址绑定？

4. 创建作用域名称为 test，地址范围为 192.168.0.10 ~ 192.168.0.80/24，排除地址范围为 192.168.0.12 ~ 192.168.0.25/24，作用域的默认网关为 192.168.1.1，并激活作用域。

5 Chapter

项目 5
Web 服务器配置与管理

Web 服务器一般指网站服务器或者 Web 管理系统，是指驻留于因特网上的某种类型计算机的程序。目前主流的 Web 服务器主要有 Apache、IIS 和 Nginx 等。

本项目主要讲解 Apache 和 IIS 两种 Web 服务器的配置应用，包括常见的 Web 服务器配置工具和 Web 服务器的工作原理，亲手搭建和管理 Web 服务器，为从事 Web 程序开发和服务器架构奠定基础。

任务 1　基于.NET 的 Web 服务器配置

　　.NET 为微软开发的一种面向对象的编程语言。本任务通过安装并配置 Microsoft 的 Web 服务器产品——Internet Information Server（IIS），让 ASP.NET 和 HTML 程序正常运行。

【任务准备】

- 一台安装了 Windows 7 及以上版本操作系统的计算机；
- 能正常解析 Web 服务器域名的 DNS 服务器；
- 创建 Web 网站相关文件保存位置，本书基于.NET 的文件保存位置为"D:\www"。

【任务过程】

1. 安装 IIS 组件

　　IIS 是微软开发的一套软件，包含 Web、FTP、SMTP 服务器等服务。Windows Server 2012 中集成了 IIS 软件，因此可以在 Windows Server 2012 的"服务器管理器"中添加 IIS 服务，如图 2.5.1 所示。

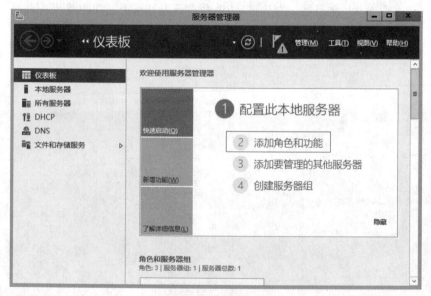

图2.5.1　添加IIS组件

　　单击"添加角色和功能"选项，然后根据安装向导提示进行操作，在"服务器角色选择"界面，选择 Web 服务器（IIS），如图 2.5.2 所示。

　　单击"下一步"按钮，根据安装向导提示，选择默认设置，直至安装完成，如图 2.5.3 所示。

2. 配置 IIS 服务器

　　在服务器管理器平台单击"工具"菜单，在弹出的菜单中选择"Internet Information Services(IIS)管理器"，如图 2.5.4 所示。

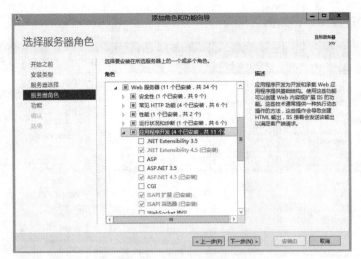

图2.5.2　添加Web服务器角色（IIS）

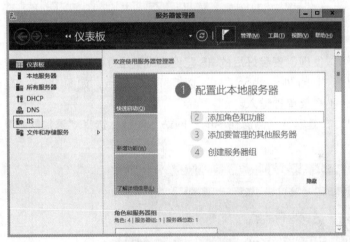

图2.5.3　IIS组件添加完成

图2.5.4　"工具"菜单

进入到 IIS 管理器窗口，如图 2.5.5 所示。

图2.5.5　IIS管理器

从图 2.5.5 中可以发现，安装好后的 IIS 已经自动建立了默认站点——Default Web Site。在
浏览器地址栏中输入"http://localhost/"，可以打开默认站点，如图 2.5.6 所示。Web 网站的默
认端口号为"80"，不需要单独输入。

在图 2.5.5 中，右键单击左侧窗格中的"网站"图标，选择"添加网站"命令，如图 2.5.7
所示。

图2.5.6　默认站点

图2.5.7　网站快捷菜单

进入"添加网站"对话框，如图 2.5.8 所示。

在图 2.5.8 中输入网站的名称为"yzy"，物理路径选择"D:\www"，如图 2.5.9 所示。

在绑定栏中的"IP 地址"栏输入预先规划的地址"192.168.1.5"，端口修改为"8080"（因
为默认站点已经占用了 80 端口，因此本网站不能再使用 80 端口）；在"主机名"地址栏输入
项目 3 中建立的 www.yzy.com 站点，如图 2.5.10 所示。

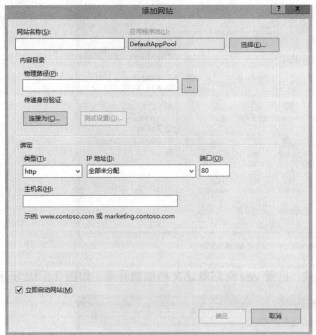

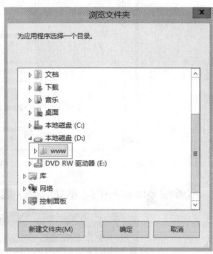

图2.5.8　添加网站　　　　　　　　　图2.5.9　添加网站物理路径

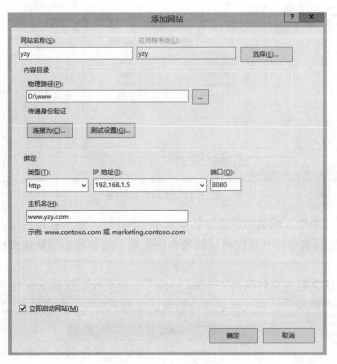

图2.5.10　yzy网站信息

单击"确定"按钮，完成 yzy 网站基本信息的添加。

添加和编辑网站默认文档，如图 2.5.11 所示。

图2.5.11　IIS功能视图

双击图 2.5.11 中的"默认文档"选项，打开 yzy 网站默认文档编辑界面，如图 2.5.12 所示。

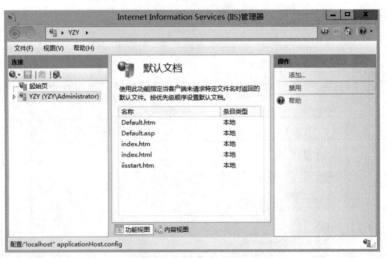

图2.5.12　编辑默认文档

当用户在地址栏中输入网站对应的域名或者 IP 地址时，显示在用户面前的网站主页文件名一定在图 2.5.12 的列表中，且系统将从列表中自上而下搜寻网站的默认文档并显示，否则将不能正常显示网页。

本任务用的默认文档的文件名为"index.aspx"，此文件名在图 2.5.12 列表中没有显示，因此单击窗口右列的"添加"，将文件名添加到默认文档列表中，如图 2.5.13 所示。

图2.5.13　添加默认文档

单击"确定"按钮，将添加的"index.aspx"文档加入到默认文档列表中，如图 2.5.14 所示。

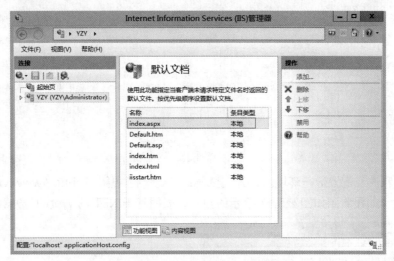

图2.5.14　添加的默认文档

开启目录访问。选择图 2.5.5 中的"目录浏览"，进入"目录浏览"编辑界面，如图 2.5.15 所示。

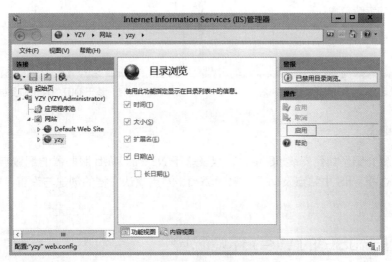

图2.5.15　启动目录浏览

单击图 2.5.15 中的"启动"，开启网站的目录浏览功能。

创建 ASP.NET 程序。在网站主目录（D:\www）下用文本编辑器新建一个用于测试配置环境的程序 index.aspx，如图 2.5.16 所示。

```
<%@  Page Language="C#"  %>
<!DOCTYPE html PUBLIC "-//W3C//DTD HTML 4.01 Transitional//EN" "http://www.
w3.org/TR/html4/DTD/loose.dtd">
<html>
<head>
```

```
<meta http-equiv="Content-Type" content="text/html"; charset=gb2312>
<title>ASP.NET 测试</title>
</head>
<body>
<%
Response.Write("ASP.NET 运行环境配置成功");
%>
</body>
</html>
</html>
```

测试编写程序及配置运行环境。打开浏览器，在地址栏中输入：http://www.yzy.com:8080，然后按回车键，如果看到如图 2.5.17 所示的显示，表明基于.NET 的 Web 服务器配置成功。

图2.5.16　ASP.NET测试程序

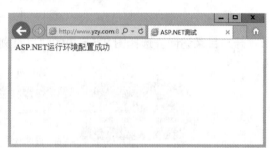

图2.5.17　基于.NET的Web服务器测试结果

【任务小结】

本任务主要介绍了如何安装 IIS 组件，以及基于.NET 的 Web 服务器的配置与测试。具体包括安装组件的选择、IIS 中站点及站点信息的添加、站点默认文档的创建与设置、Web 服务器的测试。

任务2　基于 JSP 的 Web 环境配置

在进行 Java 应用程序开发之前，需安装好开发工具和配置好环境。本任务主要是基于 Eclipse 安装并配置 Java 程序运行环境，保证 Java 程序的正常运行。其中 JDK（Java Development Kit）是 Java 语言的开发工具包，包含了 Java 的运行环境（JRE）、工具和基础类库（rt.jar），为 Java 程序的编译、执行提供底层支持。Eclipse 是一个开放源代码的、基于 Java 的应用开发平台，具有组织和管理项目文件，代码智能提示，自动完成，项目编译部署等功能，Eclipse 的功能还可以通过插件扩展。

【任务准备】

- JDK 安装文件，本书使用版本为 jdk1.8.0_151，64 位；

- Eclipse（Eclipse Java EE IDE for Web Developers）安装文件，本书使用的版本为 Oxygen.1a Release (4.7.1a)；
- 能正常解析 Web 服务器域名的 DNS 服务器；
- 创建好 Web 网站的文件保存位置，本书基于 JSP 的文件保存位置为 "D:\JSP"；
- Apache Tomcat 安装文件，本书使用的版本为 Apache Tomcat v9.0。

【任务过程】

1. Java 运行环境配置

（1）安装 JDK

双击下载的 JDK 安装程序，进入 JDK 安装向导，如图 2.5.18 所示。

图2.5.18　JDK安装向导

单击 "下一步" 按钮，进入安装功能选择界面，如图 2.5.19 所示。

图2.5.19　选择安装功能和安装路径

选择要安装的功能和程序安装目标路径，单击 "下一步" 按钮，开始软件安装，如图 2.5.20 所示。

图2.5.20　安装JDK

当程序安装完毕后，单击"关闭"按钮，完成 JDK 的安装，如图 2.5.21 所示。

图2.5.21　安装完毕

（2）安装 Eclipse

解压下载的 Eclipse 文件，然后双击"eclipse.exe"文件，启动 Eclipse 软件，如图 2.5.22 所示。

图2.5.22　启动Eclipse

Eclipse 启动后会弹出工作区选择对话框，通过对话框可以设置工作区目录，该目录为 Eclipse 项目文件的存放目录，如图 2.5.23 所示。

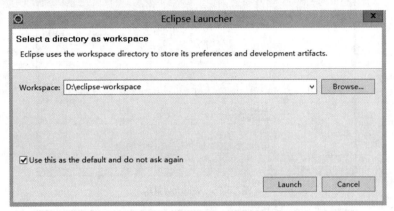

图2.5.23　设置Eclipse工作区目录

可根据需求修改工作区的位置。单击 Browse 按钮，选择目录，或直接输入路径，再单击 OK 按钮，进入 Eclipse 主界面，如图 2.5.24 所示。

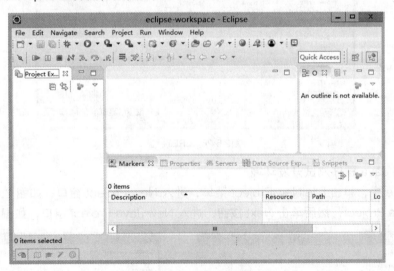

图2.5.24　Eclipse主界面

（3）设置默认 JRE

默认情况下，Eclipse 不知道系统中安装了哪些版本的 JRE（或 JDK），因此，需要在设置对话框中手动指定。在 Eclipse 主界面中单击 Window|Preferences 菜单，进入 Preferences 设置界面，如图 2.5.25 所示。

单击 Preferences 界面左侧窗格中的 Installed JREs 选项，对开发中使用的 JRE（Java 运行环境）进行管理。Eclipse 默认已经添加了 jre1.8，如果系统中还要用到 jre1.7，则单击 Add 按钮，并选择 jre1.7 所在的目录，将其也添加到开发平台中，如图 2.5.26 所示。

JRE 是支撑 Java 程序运行的基础，新建项目时，默认的 JRE 会被添加到项目的"Build Path"中，在项目编译、运行时调用。

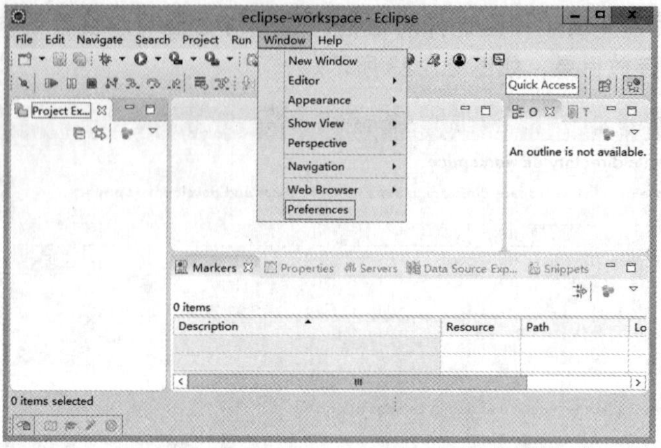

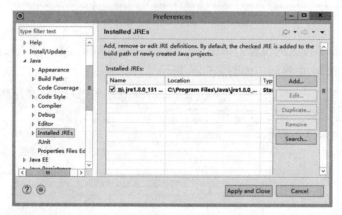

图2.5.25　Window菜单

图2.5.26　JRE设置

（4）编写 Java 程序测试开发环境

在 Eclipse 中，单击 File|New|Project 菜单，进入 New Project 窗口，如图 2.5.27 所示。选择 Java Project，然后单击 Next 按钮，进入 New Java Project 窗口，如图 2.5.28 所示。

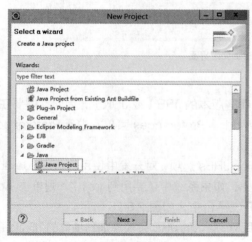

图2.5.27　选择工程类别

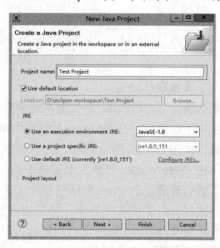

图2.5.28　创建Java项目

在 Project name 栏输入"Test Project"和指定工程的保存位置，如图 2.5.28 所示。单击 Finish 按钮，完成项目创建，如图 2.5.29 所示。

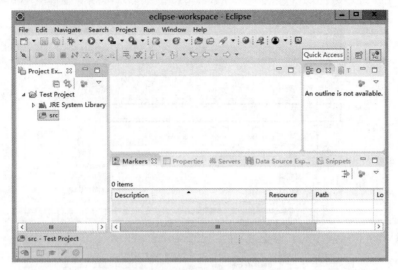

图2.5.29　成功创建Test Project

创建类和 main 方法。右键单击 Test Project 工程名下的 src 选项，选择 NewlClass，进入类创建界面，如图 2.5.30 所示。

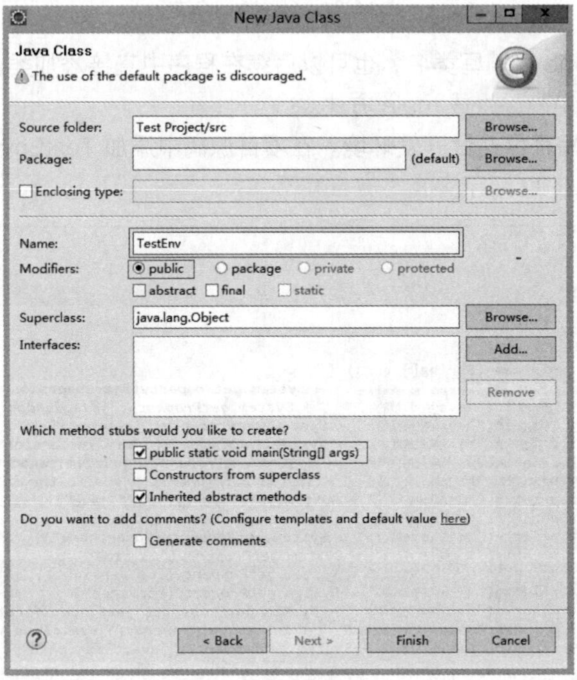

图2.5.30　创建Java类

在 Name 中输入"TestEnv"，选择"Public"类和"Public static void main (String[] args)"，生成 main 方法。

单击 Next 按钮，进入类和方法创建界面，如图 2.5.31 所示。

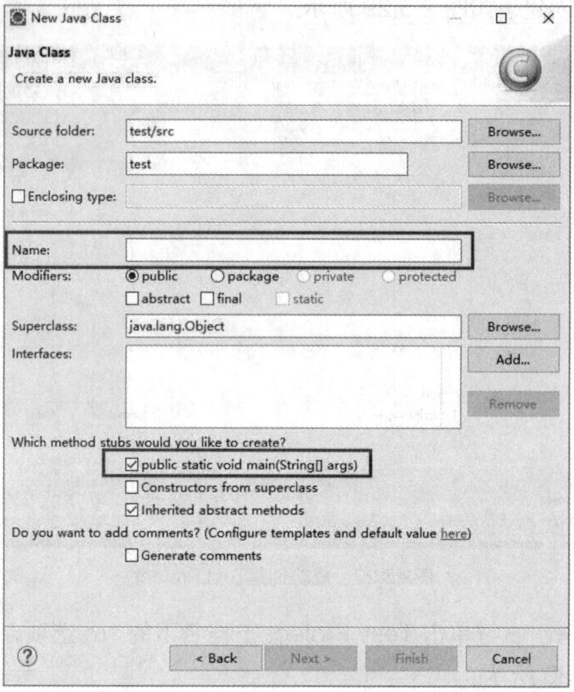

图2.5.31　创建类和方法

在图 2.5.31 的 Name 栏填写类名，也可以后续在程序中直接添加类，并选择"public static void main (String[] args)"，生成 main 方法。

在 main 方法中编写程序测试开发环境。在项目源码中添加 TestEnv 类，编写检测 Java 运行环境的程序，如图 2.5.32 所示。

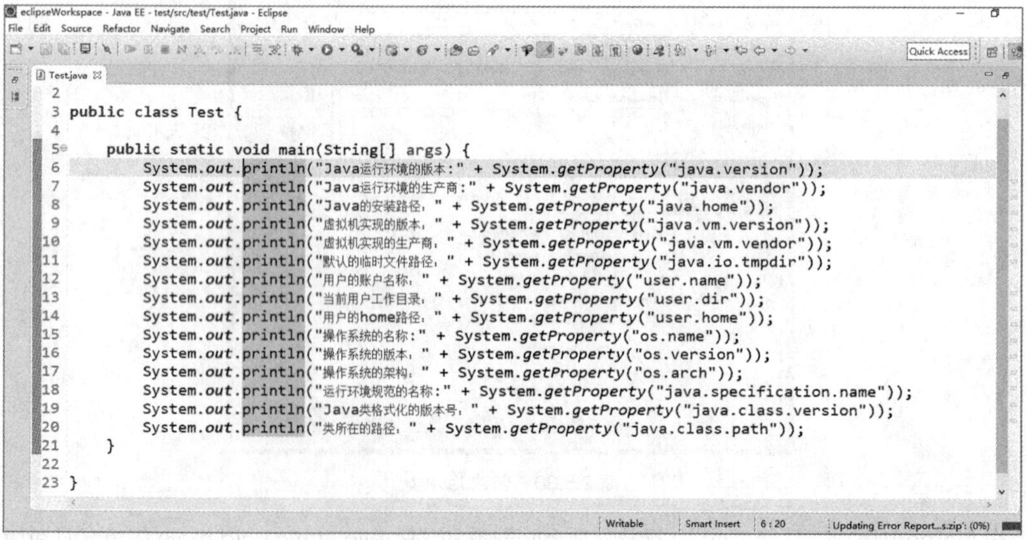

图2.5.32　Java运行环境测试程序

测试程序代码如下：

```java
import java.util.Properties;
public class TestEnv {
    public static void main(String[] args) {
        Properties props = System.getProperties();
        System.out.println("Java 运行环境版本："+ props.getProperty("java.
version"));
        System.out.println("Java 运行环境供应商: "+ props.getProperty("java.
vendor"));
        System.out.println("Java 供应商 URL: "+ props.getProperty("java.
vendor.url"));
        System.out.println("Java 安装路径:"+ props.getProperty("java.home"));
        System.out.println("Java 的类路径: "+ props.getProperty("java.class.
path"));
        System.out.println("加载库时搜索的路径列表: "+ props.getProperty("java.
library.path"));
        System.out.println("默认的临时文件路径:"+ props.getProperty("java.io.
tmpdir"));
    }
}
```

运行编写的程序。当程序编制完成后，右键单击"类"｜"Run As"｜"Java Application"，得到的运行结果如图 2.5.33 所示。

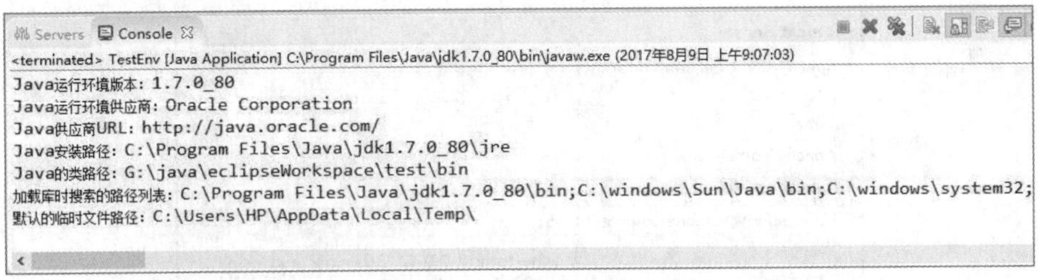

图2.5.33　运行结果

2. Java Web 开发环境安装与配置

Java Web 应用程序在运行时不仅要依赖 JRE，还要依赖 Tomcat 容器。本任务将安装和配置 Tomcat，并在 Eclipse 中进行设置，让 Eclipse 和 Tomcat 协同工作，最终让 Java Web（JSP）程序能正常运行和显示。

（1）安装 Tomcat

Tomcat 分为安装版和免安装版，安装版可以以 Windows 服务方式在后台运行，免安装版可以 Windows 应用程序方式运行。在开发过程中，一般用 Eclipse 来管理 Tomcat。本书下载免安装版，解压即可直接使用。

（2）在 Eclipse 中配置 Tomcat

单击 Window|Preferences 菜单，打开 Eclipse 设置界面，然后选择界面左侧树型列表中的

ServerlRuntime Environments，对 Web 服务器进行管理。单击 Add 按钮，进入到 New Server Runtime Environment 界面，选择"Apache Tomcat v9.0"，如图 2.5.34 所示。

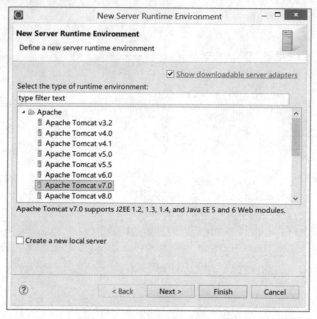

图2.5.34　选择Tomcat服务器版本

单击 Next 按钮，进入 Tomcat Server 配置界面，如图 2.5.35 所示。

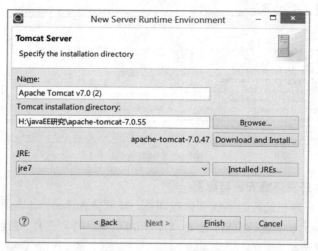

图2.5.35　设置Tomcat服务器

添加 Tomcat 安装路径和选择 JRE 版本，然后单击 Finish 按钮，完成 Tomcat 的安装和配置。

（3）在 Eclipse 中新建 Web 服务器

Eclipse 会在 Servers 窗口中列出所有的服务器，初次运行 Eclipse 时，服务器列表为空，此时单击链接"Click this link to create a new server..."，可以新建服务器。

单击链接，在弹出的 New Server 窗口中选择服务器类型，如图 2.5.36 所示。

图2.5.36　定义新服务器

在图 2.5.36 中，可以单击 Add 对定义的服务器类型进行设置，然后单击 Finish 按钮完成服务器定义。

双击 Servers 窗口服务器列表中的"Tomcat v7.0 Server at localhost"，在 Overview 窗口中，将 Server Locations 设置为"Use Tomcat installation"，如图 2.5.37 所示。

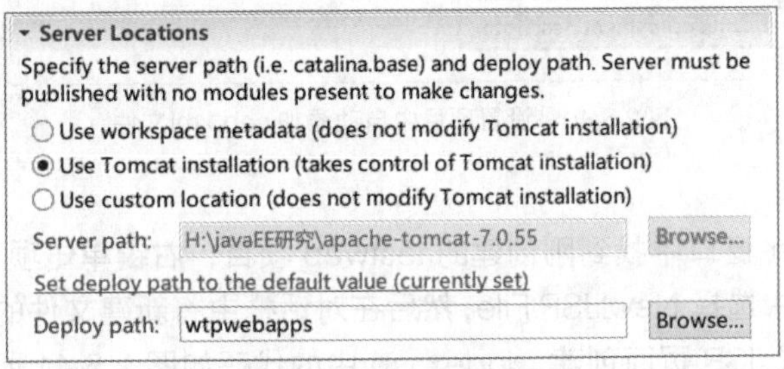

```
▼ Server Locations
Specify the server path (i.e. catalina.base) and deploy path. Server must be
published with no modules present to make changes.
○ Use workspace metadata (does not modify Tomcat installation)
● Use Tomcat installation (takes control of Tomcat installation)
○ Use custom location (does not modify Tomcat installation)
Server path:    H:\javaEE研究\apache-tomcat-7.0.55        Browse...
Set deploy path to the default value (currently set)
Deploy path:    wtpwebapps                                 Browse...
```

图2.5.37　设置服务器位置

设置完毕后，单击"保存"按钮保存设置。然后在 Servers 窗口中右键单击"Tomcat v7.0 Server at localhost"，在弹出的快捷菜单中选择 Start，启动服务器。启动后服务器的状态变为"Started"，如图 2.5.38 所示。

图2.5.38　已经启动的服务器

服务器正常启动后，打开浏览器，输入"http://localhost:8080/"，如果能打开如图 2.5.39 所示的 Tomcat 主页，说明服务器运行正常。

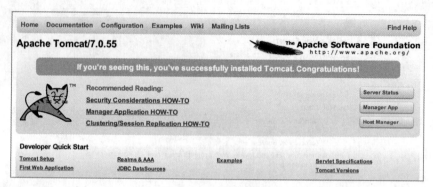

图2.5.39　Tomcat主页

（4）新建 Java Web 项目

在 Eclipse 中选择 FilelNewlDynamic Web Project 菜单（如果没有列出，可在 Other...中查找），在弹出对话框中填写 Project name 为"testweb"，然后连续单击 Next 按钮，在 Web Module 界面选择"Generate web.xml deployment descriptor"选项，在项目中自动添加 web.xml 文件，如图 2.5.40 所示。最后单击 Finish 按钮完成新项目创建。

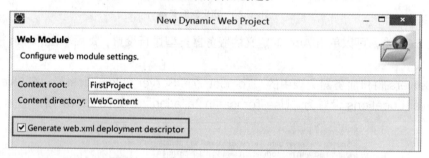

图2.5.40　设置项目中自动添加web.xml文件

（5）新建 JSP 页面

在 Project Explorer 窗口中找到刚创建的 testweb 项目，右键单击项目的 WebContent 文件夹，在弹出的快捷菜单中选择 NewlJSP File，然后在对话框中将新建文件的名称改为"index.jsp"，单击 Finish 按钮，完成 JSP 页面创建。index.jsp 中的代码如图 2.5.41 所示。

```
1  <%@ page language="java" contentType="text/html; charset=utf-8"
2      pageEncoding="utf-8"%>
3  <!DOCTYPE html PUBLIC "-//W3C//DTD HTML 4.01 Transitional//EN" "http://www.w3.org/TR/html4/loose.dtd">
4  <html>
5  <head>
6  <meta http-equiv="Content-Type" content="text/html; charset=utf-8">
7  <title>第一个web程序</title>
8  </head>
9  <body>
10 Hello World!
11 </body>
12 </html>
```

图2.5.41　index.jsp代码

index.jsp 的代码如下：

```
<%@ page language="java" contentType="text/html; charset=utf-8"
    pageEncoding="utf-8"%>
<!DOCTYPE html PUBLIC "-//W3C//DTD HTML 4.01 Transitional//EN" "http://www.
w3.org/TR/html4/loose.dtd">
<html>
<head>
<meta http-equiv="Content-Type" content="text/html; charset=utf-8">
<title>第一个 web 程序</title>
</head>
<body>
Hello World!
</body>
</html>
```

（6）运行程序

单击工具栏上的 Run 按钮（快捷键 Ctrl+F11），在弹出的对话框中选择"Run On Server"，并在后续对话框中选择"Tomcat v7.0 Server at localhost"作为运行 Web 应用程序的服务器。如果后面运行的时候也要用到该服务器，且不希望再弹出对话框，可以选择"Always use this server when running this project"选项，如图 2.5.42 所示。

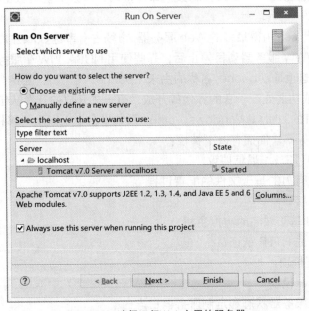

图2.5.42　选择运行Web应用的服务器

运行后，在 Eclipse 的 Console 窗口中会显示出服务器的启动过程，并打开浏览器显示运行结果。如果 Eclipse 自带的浏览器没有自动打开，可以在外部打开浏览器，输入网址"http://localhost:8080/testweb/index.jsp"查看运行结果，如图 2.5.43 所示。

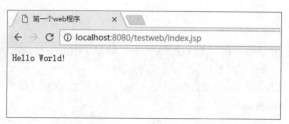

图2.5.43 Java Web程序运行结果

任务拓展——相关知识

1. Microsoft IIS

Microsoft 的 Web 服务器产品为 Internet Information Server（IIS），IIS 是允许在公共 Intranet 或 Internet 上发布信息的 Web 服务器，也是目前最流行的 Web 服务器产品之一，很多著名的网站都是建立在 IIS 的平台上。IIS 提供了一个图形界面的管理工具，称为 Internet 服务管理器，可用于监视配置和控制 Internet 服务。

IIS 是一种 Web 服务组件，包括 Web 服务器、FTP 服务器、NNTP 服务器和 SMTP 服务器，分别用于网页浏览、文件传输、新闻服务和邮件发送，它使得在网络（包括互联网和局域网）上发布信息成为一件很容易的事，它提供 ISAPI（Intranet Server API）作为扩展 Web 服务器功能的编程接口；同时，它还提供一个因特网数据库连接器，可以实现对数据库的查询和更新。

2. Apache

Apache 仍然是世界上用得最多的 Web 服务器，市场占有率达 60%左右。它源于 NCSA httpd 服务器，当 NCSA WWW 服务器项目停止后，那些使用 NCSA WWW 服务器的人们开始交换用于此服务器的补丁，这也是 Apache 名称的由来（pache，补丁）。世界上很多著名的网站都是 Apache 的杰作，其成功之处在于它的源代码开放、有一支开放的开发队伍、支持跨平台的应用（可以运行在几乎所有的 UNIX、Windows、Linux 系统平台上）以及可移植性等方面。

Apache Web 服务器软件拥有以下特性：

- 支持最新的 HTTP/1.1 通信协议
- 拥有简单、强有力的基于文件的配置过程
- 支持通用网关接口
- 支持基于 IP 和基于域名的虚拟主机
- 支持多种方式的 HTTP 认证
- 集成 Perl 处理模块
- 集成代理服务器模块
- 支持实时监视服务器状态和定制服务器日志
- 支持服务器端包含指令（SSI）
- 支持安全 Socket 层（SSL）
- 提供用户会话过程的跟踪
- 支持 FastCGI
- 通过第三方模块可以支持 Java Servlets

3．Tomcat

Tomcat 是一个免费开源的轻量级 Web 应用服务器，在中小型系统和并发访问用户不是很多的场合下被普遍使用，是开发和调试 JSP 程序的首选。

Tomcat 是运行 Servlet 和 JSP Web 应用软件的基于 Java 的 Web 应用软件容器。Tomcat Server 是根据 Servlet 和 JSP 规范执行的，因此可以说 Tomcat Server 也实行了 Apache-Jakarta 规范且比绝大多数商业应用软件服务器要好。

Tomcat 是 Servlet API 2.2 和 Java Server Pages（JSP）1.1 技术的标准实现，是基于 Apache 许可证下开发的自由软件。Tomcat 是完全重写的兼容 Servlet API 2.2 和 JSP 1.1 的 Servlet/JSP 容器。随着 Catalina Servlet 引擎的出现，Tomcat 第四版的性能得到很大提升，使它成为一个值得考虑的 Servlet/JSP 容器，因此目前许多 Web 服务器都采用 Tomcat。

4．URL 常见的格式

因特网上最热门的服务之一就是万维网 WWW（World Wide Web）服务，Web 已经成为很多人在网上查找、浏览信息的主要手段。WWW 是一种交互式图形界面的因特网服务，具有强大的信息链接功能。它使得成千上万的用户通过简单的图形界面就可以访问各个大学、组织、公司等的最新信息和享受各种服务。

在因特网上，如何定位服务器和文件的位置呢？URL（统一资源定位器）就是用来在因特网上确定唯一地址的方法，URL 地址如下。

实例：Http://www.cqvie.edu.cn/index.htm

中文诠释：协议://服务器/域名的全称/目录/文件

大多数 Web 服务器都可配置为自动提供默认主页，一般情况下：默认主页为 index.htm，其他主页有 default.htm、default.asp、index.html、iisstart.asv 等。

除了 Web 页这种最常见的 URL 格式外，还有其他常见 URL 格式：

- 以匿名 FTP 方式请求文档：ftp://服务器域名/目录/文件。
- 以用户名访问 FTP 方式请求文档：ftp://用户名@服务器域名/目录/文件。
- 以 telnet 方式访问终端服务器：telnet://服务器域名。
- 新闻组的访问：news://新闻服务器域名/新闻组。

5．JSP

JSP 全名为 Java Server Pages，中文名为 Java 服务器页面，其根本是一个简化的 Servlet 设计，它是由 Sun Microsystems 公司倡导、许多公司参与一起建立的一种动态网页技术标准。JSP 技术有点类似 ASP 技术，它是在传统的网页 HTML（标准通用标记语言的子集）文件（*.htm,*.html）中插入 Java 程序段（Scriptlet）和 JSP 标记（tag），从而形成 JSP 文件（*.jsp）。用 JSP 开发的 Web 应用是跨平台的，既能在 Linux 下运行，也能在其他操作系统下运行。

JSP 实现了 HTML 语法中的 Java 扩展（以<%, %>形式）。JSP 与 Servlet 一样，都是在服务器端执行的。通常返回给客户端的是一个 HTML 文本，因此客户端只要有浏览器就能浏览。

JSP 将网页逻辑与网页设计的显示分离，支持可重用的基于组件的设计，使基于 Web 的应用程序的开发变得迅速和容易。JSP 主要目的是将表示逻辑从 Servlet 中分离出来。

Java Servlet 是 JSP 的技术基础，而且大型的 Web 应用程序的开发需要 Java Servlet 和 JSP 配合才能完成。JSP 具备 Java 技术的简单易用、完全的面向对象、平台无关性且安全可靠、主要面向因特网的所有特点。

6. JDK

JDK 是 Java 语言的软件开发工具包，主要用于移动设备、嵌入式设备上的 Java 应用程序开发。JDK 是整个 Java 开发的核心，它包含了 Java 的运行环境、Java 工具和 Java 基础的类库。

7. Eclipse

Eclipse 是一个开放源代码的、基于 Java 的可扩展开发平台。就其本身而言，它只是一个框架和一组服务，通过插件组件构建开发环境。Eclipse 附带了一个标准的插件集，包括 Java 开发工具（Java Development Kit，JDK）。

任务拓展——疑难解析

1. Apache 和 Tomcat 的异同

① Apache 是 Web 服务器，Tomcat 是应用（Java）服务器，它只是一个 Servlet 容器，可以认为是 Apache 的扩展。

② Apache 和 Tomcat 都可以作为独立的 Web 服务器来运行。但是 Apache 不能解释 Java 程序。

③ Apache 是普通服务器，本身只支持 HTML，即普通网页。不过可以通过插件支持 PHP，还可以与 Tomcat 连通（单向 Apache 连接 Tomcat，就是说通过 Apache 可以访问 Tomcat 资源，反之则不然）。

④ 两者都是一种容器，只不过发布的东西不同。Apache 是 HTML 容器，功能像 IIS 一样，Tomcat 是 JSP/Servlet 容器，用于发布 JSP 及 Java，类似的有 IBM 的 WebSphere、EBA 的 WebLogic、Sun 的 JRun 等

⑤ Apache 和 Tomcat 是独立的，在同一台服务器上可以集成。

2. 文件存在，提示 HTTP 错误 404——找不到文件或目录

故障现象：用户从 IIS 6.0 Web 服务器中请求文件时，该文件的扩展名不是 Web 服务器上已定义的 MIME 类型，将看到以下错误消息：HTTP 错误 404——找不到文件或目录。

故障原因：IIS 早期版本包含通配符 MIME 映射，允许 IIS 处理任何文件而无须考虑扩展名。但 IIS 6.0 不再包含该通配符 MIME 映射，因此不能处理在 IIS 元数据库中的 MimeMap 节点以外定义的任何类型的扩展名。

解决办法：

① 打开 IIS Microsoft 管理控制台（MMC），右键单击本地计算机名称，然后单击"属性"；

② 单击"MIME 类型"；

③ 单击"新建"；

④ 在"扩展名"框中，键入所需的文件扩展名（例如：.pdb）；

⑤ 在"MIME 类型"框中键入 application/octet-stream；

⑥ 应用新设置；

⑦ 重新启动 Web 服务。

任务实践

1. 简述 Web 服务器的工作过程。
2. 深入使用 nslookup 命令。
3. 安装配置 IIS+ASP.NET。
4. 配置多个 IIS 站点。
5. 配置 JSPStudy，JSP 环境一键安装包 JDK+Tomcat+Apache+MySQL+PHP。

参 考 文 献

[1] 陈光海，杨智勇. 计算机组装与维护[M]. 南京：江苏教育出版社，2011.

[2] 罗元成，汪应等. Windows 服务器配置与管理[M]. 北京：中国水利水电出版社，2017.

[3] 万青，杨智勇等. Java Web 应用开发[M]. 北京：中国水利水电出版社，2017.